神奇的催眠术

曹兴泽　编著

中国华侨出版社
·北　京·

前 言

催眠术是一种运用暗示等手段让受术者进入催眠状态，并由此产生神奇功效的方法。它是以人为诱导引起的一种特殊的类似睡眠又非睡眠的意识恍惚的心理状态。催眠术能够直接作用于人的心灵，对于改变信念与行为模式有特殊的功效。随着研究越来越深入，催眠术的应用越来越广泛，涉及心理保健和医学界、商业界、教育界、体育界、司法界等多个领域。大量的实践也表明，催眠术在减压放松、消除身心疲劳感、改善睡眠、提高休息质量、调整心态、增强自信与改善情绪等方面都有神奇的功效。无论是对需要缓解压力、增强业务能力的职场白领，还是对希望增强记忆力、开发潜能的学生，无论是渴望放松身心、控制体重、提升自信心和表现力的爱美人士，还是对想要改善睡眠质量、强化免疫力的老年人都有着不俗的效果。

催眠术不是与人们生活不相干的奇怪法术，也不是遥不可及的高深修行，而是最直接最简单的帮助人们缓解压力的心灵放松手段。懂得催眠术，你可以帮助家人催眠，帮助同事催眠，或者自我催眠，与大家一起享受催眠带来的减压放松、消除身心疲惫、提高睡眠质量、调整心态、增强自信心与改善情绪等神奇功效。

事实上，只要掌握了基本的技巧和理论，催眠就像骑车、走路一样简单。

催眠这么好，会用它的人却非常少。鉴于此，我们推出这本《神奇的催眠术》。本书针对读者对催眠所抱有的各种关心、疑虑和问题入手，从神奇的催眠术、学习催眠术就是这么简单、奇妙的自我催眠术、催眠术即学即用等方面系统地介绍了催眠术的历史、现状及作用机制，阐述了催眠与暗示的关系以及催眠诱导的各种方法，详细列举了现代催眠术专家惯用的催眠疗法，结合真实个案详尽揭示了改变生活状态、消除心理阴影、戒掉怪异行为等催眠施术的全过程。让读者充分了解催眠术的心理机制，并学会使用催眠术。

最强大、最流行的催眠术，帮助我们轻松建立新的习惯与新的态度，拥有全新的个性与人生观！读完本书，你不但能学会帮别人催眠，还能学会通过自我催眠改善整体身心状态、开发个人潜能、随时随地解决问题。催眠这么好，还等什么呢？让我们一起来学习吧！

目 录

第一篇 神奇的催眠术

第二篇　学习催眠术就是这么简单

第一章　实施催眠必须了解的 5 个问题

第二章　催眠诱导及常见方法

第三篇　奇妙的自我催眠术

第一章　揭开自我催眠的神秘面纱

第二章　自我催眠的步骤

第三章　触手可及的自我催眠练习

第四篇　催眠术即学即用

第一章　远离生理疾病

第二章

解决心理问题

第一篇

神奇的催眠术

第一章

催眠术的历史和现状

初探催眠术

追溯起来，催眠术与许多事物有着相同的发展历程，早在遥远的古代，人们就对它有所了解，或者说有了对它认识的萌芽。下面我们就先来简单介绍一下人们对催眠术的认识历程。

自远古以来，人类就着迷（有时是恐惧）于心灵的力量。古往今来，发掘人类意识秘密并发挥其潜能的探索者层出不穷。埃及、希腊、罗马以及其他一些文明古国所采取的技术与我们今天所知道的催眠术极为相似，但这都处在萌芽阶段。

到了中世纪，一些伟大的医师仅仅通过他们的触摸就可以达到治疗效果。之后，随着理性时代的降临，先驱科学家们试图理解并解释意识的奥秘。安东·梅斯默和詹姆士·布莱德，甚至西格蒙德·弗洛伊德都置身于先驱者的队伍之中，使催眠最终成为最具疗效的工具之一，为催眠的广泛应用做出巨大贡献。

翻过漫长的历史书卷，进入现代，催眠也有了长足的发展。不难发现，催眠已经真正成为一门有理有用的应用科学。现在，在很多国家有名望的大学、医院里，都设有催眠研究室，并积极地把催眠应用于医学、教学、产业等领域，进行可行性研究。

乍一看，催眠给人以神秘、魔术般的印象，这也是合乎情理的。但是，认真研究一下催眠就会知道，催眠不是像魔术、占卜那样虚幻的东西，也不仅仅是催眠、被催眠这一单纯的过程，实际上，它有着非常严密、完整的理论，是一门古老而又年轻的大有作为的科学。

催眠术的端倪

据心理治疗学家查考，尽管走上科学化道路是在西欧，催眠术的最初发源地则是埃及、印度和中国。当时埃及人似乎使用了一种医疗方法：当病人“入睡”时，或者至少是闭上双眼时，牧师讲话并把手放在病人身上，借助于语言来治疗病人，使其得到快速康复。这一技术在3000多年前就已得到应用。古代中国和印度也被认为使用过这种医疗方法。

在古代的东方，这种“类催眠”现象是举不胜举的。像中国古代的江湖术士所惯用的让人神游阴间地府、扶乩等，事实上都是借助于催眠术的力量，使人产生种种幻觉或进入自由书写状态。据中国古代文献记载，在周穆王时期，就有西极幻术师来中原，能投身于水火、贯穿金石、移动城邑、变万物的形态、解他人的忧虑。这些传说中自然有不实之处，但仍可窥见现代催眠术的迹象所在。

希腊人有一种被称为睡眠神庙的建筑，病急求医的患者躺在这里睡一觉，在睡觉时，疾病的治疗方法就会在梦境中出现。最受欢迎的神庙是供奉希腊医神阿斯克勒庇俄斯的神庙。阿斯克勒庇俄斯是约公元前 1200 年的一位医师，他杰出的医治本领使他受到希腊人和罗马人的尊崇，人们称他为“医神”。

古罗马的僧侣每当从事祭祀活动的时候，就先在神的面前进行自我催眠，呈现出有别于常态的催眠状态下的种种表现，然后为教徒们祛病消灾。由于僧侣们的状态异乎寻常，教徒们疑为神灵附体，故而产生极大的暗示力量。古罗马的一些寺庙还为虔诚的教徒们实施祈祷性的集体催眠，让他们凝视自己的肚脐，不久就会双眼闭合，呈恍惚状态，这时可以看到“神灵”，还可听到神的旨意，等等。不过，较早有意识地将催眠与暗示运用于疾病治疗的，当推古希腊和古埃及的医生们。他们早在公元前 2 世纪，就比较广泛地以此作为治疗疾病的手段了。譬如，古希腊的著名医生阿斯克列比亚德就曾亲自从事过这一方面的实践。

整个罗马史上，这些睡眠神庙一直存在，并被认为是再平常不过的求医途径。当时的人们相信神会入梦并传授治疗方法，随时随地直接治愈病人，或者病人可以遵循医疗指示自行治疗。传说一个瞎了一只眼睛的病人不顾他人的怀疑到神庙求助，当他睡觉时，一个神出现在他眼前，熬了一些药草，涂抹在他失明的眼睛上，当他醒来时，那只眼睛便重见光明了。

当然，我们不能草率地把这些古代做法当成催眠。但是，这些例子告诉我们，古代人也许已经认识到了大脑和想象力可以用于治疗疾病，催眠已经初露端倪了。

御触

御触现象备受关注，很多人能够通过碰触患者治愈疾病，其中就包括希腊的伊庇鲁斯王皮拉斯（公元前318～前272年）。他因与罗马交战赢得的两次胜利而闻名，皮拉斯还有另一样了不起的本领：他可以用大脚趾碰触病人而治愈其疾病。此外至少还有两位罗马皇帝——维斯巴西安（9～79年）和哈德良（76～138年）以拥有同样的本领而著称，但他们不是用脚触摸。距离我们的时代更近的英国忏悔王爱德华（1003～1066年）和其同时代的法国国王菲利普一世都拥有碰触治疗的本领。这种碰触治疗其实指的是如今所说的暗示力量，即病人对自己会被治愈深信不疑，而这种信念会反过来帮助身体自行疗伤。对皇室、神职人员和其他显要人物可以碰触治疗的信仰贯穿中世纪始末并一直延续至近代。英国立宪君主查理二世（1630～1685年）在统治期间曾上千次使用“御触”。

瓦伦丁·格瑞特里克（1628～1682年）是众所周知的“抚摩师”，因具有用双手治愈疾病的惊人本领而著名。17世纪，这位出生在爱尔兰的士兵和政府官员因其超凡能力而声名远播，他可以治愈包括淋巴结核和疣类等疾病。有趣的是，在他的治疗过程中，一些病人仿佛进入了深深的恍惚状态而感觉不到疼痛。与之相吻合的是，现代催眠中，一些患者在恍惚中也会丧失痛觉，感觉不到疼痛。格瑞特里克在当时受到了一些科学家和国王查理二世的关注。他的主要治疗手法就是隔着病人的衣服进行抚摩，有时候也使用药剂。格瑞特里克有可能无意识地“催眠”了病人，使其收到了会被治愈的心理暗示。

想象与磁铁

中世纪时，学术界和伟大的思想家们一直在思索心灵的力量，尤其是想象力和意志力是如何影响治疗过程的。14 世纪的作家彼得·阿巴诺认为单凭语言就可以治愈病人。之后，乔治·匹克托里斯·凡·维灵根（1500 ~ 1569 年）声称，如果治疗者和病人都发挥想象力的话，符咒或咒语会收到更好的医疗效果。这一理论听起来跟我们现在的安慰剂效不无相似之处，即尽管病人没有服用任何药物（有时服下一颗糖丸），疾病最终还是被治愈。这是因为病人认为自己吞下了一颗真的药丸，使心灵意念作用到身体上，从而达到治愈效果。

这种想象力疗法的另一位拥护者是生于瑞士的医师、科学家和炼金学家帕拉赛索斯（1493 ~ 1541 年）。他是倡导化学物质和矿物治疗的医学先驱者之一。同时，他也清醒地意识到了心灵的力量，将想象力称为治疗“工具”。帕拉赛索斯认为:“围绕病人的精神氛围大大影响到病情。当然并非诅咒或者福佑发生了作用，而是病人的思想、想象力带来了疗效。”但是，想象力并不能主宰一切。

海尔神父

帕拉赛索斯提出一种理论——磁铁能够以吸引铁的方式吸引疾病。这一理论在接下来的几个世纪里被众多科学家进一步发展完善，其理念是人体含有一种有磁性的液体，这种液体一旦出现缺陷（发生损伤）就会引起疾病，而磁铁可以治愈疾病。

将这个观点发扬光大的人当属18世纪的天文学家和牧师麦克斯米伦·海尔神父（1720 ~ 1792年）。他是一位杰出的科学家，后来成为当时奥匈帝国首都维也纳皇家天文台台长。他也对帕拉赛索斯的磁铁治疗观很着迷。同时，人们在18世纪中叶发现磁铁可以人工合成，这也促进了他对磁铁疗法兴趣的高涨。海尔发现，他可以通过在病人周围以各种方式摆放磁铁来治愈或缓解很多疾病，其中包括他自己所患的风湿病。尽管海尔似乎在治疗方面取得了巨大成就，但若不是另一位维也纳医师于1774年前来拜访的话，他也无法在催眠史上占有一席之地。这位拜访者就是弗兰茨·安东·梅斯默。至此，现代催眠学就要拉开序幕了。

伽斯纳神父

伽斯纳神父（1727 ~ 1779年）曾在18世纪70年代因为高超的医疗本领而名噪一时。他相信自己可以通过驱散患者体内的邪恶精灵而达到治愈目的。他具有表演天赋，在广受欢迎的“表演”中，他身着长斗篷，手拿巨大的十字架，嘴里念叨着拉丁咒语。他告诉病人当他驱魔时，他们会倒在地上死去，一旦恶鬼被驱走，他们就会起死回生，疾病也消失得无影无踪。伽斯纳神父的医术是催眠术的先兆：先使患者进入恍惚状态，然后运用暗示力量使他们确信自己的疾病或者问题已经解决了。弗兰茨·安东·梅斯默认为神父不知不觉间使用了动物磁流，伽斯纳神父却相信自己是借助了上帝的力量驱除了恶鬼。

催眠术的发展

梅斯默的动物磁流学说

我们大多都听说过 mesmerizing（实施催眠、迷惑的）和 mesmeric（催眠的、迷人的）这两个单词，它们都得名于弗兰茨·安东·梅斯默。梅斯默于 1734 年出生于靠近今天德国和瑞士交界处的康士坦茨湖畔。梅斯默性格古怪，被当时的很多人认为是骗子。以今天的标准来看，他的有些理论确实奇怪，但是他仍然被尊为催眠史上最为重要的人物之一。梅斯默似乎从未理解过心灵的真正力量，如果他仍然在世的话，也肯定会将当今有关心灵力量的观点拒之门外，但是他的荣誉、人格魅力乃至其所用方法的显著疗效，都极大地鼓励着后世的先驱者们前仆后继、孜孜不倦地探索催眠的真正原理。

梅斯默的父亲是一位猎场看守人，年轻的梅斯默先后攻读了神学和法律，之后逐渐对成就他一生事业功名的领域——医学产生了浓厚的兴趣。他于 1765 年毕业于享有声望的维也纳医学院。这位年轻的医生对行星和潮汐等自然现象很是着迷，这使他潜心钻研了外界自然力对人体的影响。他在大学论文中写道（之前也有其他科学家写过了）：世间存在着某种无所不在的引力流体。以该流体为媒介，行星等大型天体可以对包括人体在内的其他物体施加影响。尽管这对我们来说比较怪异，但在当时却并非标新立异或特别罕见。梅斯默由此迈出了探索之路的第一步，这也就是后来世人所知的“动物磁流学说”。

起初，梅斯默在维也纳是一名普通的从业医师，他与一个富有的寡妇玛莉亚·安娜·冯·宝施成婚，生活充裕。这时他结识了年轻早熟的作曲家莫扎特，便和妻子步入了上流社会。1774年的一场风波永远改变了梅斯默的生活。他的一个病人弗朗西斯卡·奥斯特琳身患神经紧张病，对常规治疗毫无反应。好奇心大作的梅斯默决定试用一个同时代医师——麦克斯米伦·海尔神父的非正统治疗方法。他让奥斯特琳喝下含有铁的液体，然后把磁铁附着在她的身体上。几个疗程后，病人重获健康。

这对于梅斯默来说是个转折点，他深信自己发现了磁性的力量。不久，他开始将自己关于普遍流体的理论与这一新发现结合起来。他断言宇宙间存在着一种无所不在的磁流，将包括人类在内的万物联系在一起，这样，"动物磁流学说"就诞生了。梅斯默坚信，疾病是由于人体内的磁流不畅、出现阻塞而引起的。他尝试使用磁铁来对病人体内的磁流施加影响，疏通阻塞，治愈疾病。

梅斯默相信自己使用磁铁和铁棒的疗法可用物理原理进行解释。他认为世间存在着一种无所不在的磁流，人体内也存在着类似的流动磁力。梅斯默相信自己通过操纵这一磁流可以治愈包括神经紧张在内的多种疾患。他还认为对疗程施加影响的是自己强有力的动物磁性，他只是把这一磁性传导给病人。他的目标是在治疗者和患者之间建立一种"磁极"。梅斯默的病人几乎都是女性，而治疗的一部分就是抚摩病人——他的动机遭到怀疑。

梅斯默坚信他的治疗原理是纯生理的，与心理无关；他认为是磁流产生了疗效。在治疗过程中，他完全忽视了病人的心灵或想象——现代催眠学说的基石之一。

梅斯默的新型治疗手段使他一夜成名。名门望族（尤其是妇女）成群结队地来拜访他，他开始当众进行治疗表演。除此之外，他还免费为穷人们提供医疗服务，帮助妇女战胜分娩的痛苦。梅斯默的声誉达到巅峰。然而，他仍不被科学界信服，人们仍然对他的医术持怀疑态度。

后来发生的一件事迫使梅斯默背井离乡。来自维也纳的玛丽亚·特丽莎·帕拉迪斯是一名歌手兼钢琴师，18 岁的玛丽亚备受皇后的宠爱。她从小双目失明，在众多知名医师试图为她恢复视力都以失败告终后，梅斯默于 1777 年开始为她治疗。治疗工具是一套稀奇古怪的仪器——金属和玻璃棒、盛满了水和铁屑填充物的浴室，很显然这是想要将磁流集中。这种治疗似乎有些成效，据梅斯默所说，玛丽亚的视力确实有所恢复。这让那些之前为玛丽亚医治却未见效果的医生大发嫉妒，他们互相勾结，怂恿玛丽亚的父母将女儿带离梅斯默的看护。结果，玛丽亚再次陷入完全失明的状态，梅斯默的声誉也一落千丈。沮丧而愤怒的梅斯默被迫离开维也纳，到了巴黎。

有一段时间，梅斯默认为巴黎是孕育他特殊理论的肥沃土地，据说王后玛丽·安托瓦内特对他的研究很感兴趣，然而他古怪奇异的理论再次让他惹祸上身。主流科学家坚持认为梅斯默是个骗子，而看起来花里胡哨的梅斯默催眠术也全都是骗局。为解决争议，国王路易十六于 1784 年成立了一个委员会，专门调查动物磁流学说，最后得出了动物磁流根本子虚乌有的结论。这一诋毁性结论给了梅斯默重重一击。

再次遭到科学界的唾弃之后，这位时运不济的医生离开巴黎，踏上了旅行之路。他仍然坚信自己的理论，仍然治疗病人，但再也无法向科学界证明自己的价值。梅斯默的后半生生活舒适却默默无闻，于 1815 年在家乡附近的小村庄逝世。

为何梅斯默这样一个行为怪异的医生在催眠史上如此受推崇呢？他留给我们的遗产在于，他能够利用对恍惚中的病人进行暗示的力量。他在治疗中使用的棒材、磁铁和铁屑本身都是没有任何效果的，但是它们可以帮助病人全神贯注地接受暗示，相信自己会痊愈。这才是梅斯默的治疗手段产生疗效的真正原因。对梅斯默的医疗方法感兴趣的医师们渐渐认识到，成功的关键并非磁性或动物磁流，而是心灵意念的力量。因此，尽管梅斯默自己搞错了理论根据，但他在这一领域的先驱工作为后世开启了大门。他的成就激励着后世去探索心灵以及催眠的真正力量。

普赛格侯爵的磁性睡眠

梅斯默去世后，动物磁流学说依然没有销声匿迹。一些狂热者摆脱了怀疑眼光，不断进行新的探索，使这一主题得以延续。最为重要的先驱者之一当属法国贵族地主普赛格侯爵阿尔曼德（1751 ~ 1825 年）。普赛格侯爵曾经短期学习过梅斯默的疗法，并在他的工人身上进行了试验。使他大为惊讶的是，他发现自己可以使一个叫作维克多·瑞斯的年轻牧羊人进入类似睡眠的状态，同时自己又可以同他交谈。侯爵显然是发现了催眠性恍惚。他肯定没有意料到会有此发现，因为作为梅斯默的忠实信徒，他相信患者会经历一次危象和数次痉挛。侯爵称这种恍惚状态为梦游——现代催眠学说中称之为“磁性睡眠”。然而，这位梅斯默的学生很快开始怀疑这种现象的基础原理是基于磁流的存在的理论，于是，他重点强调了两项重要的心理素质——意念和信仰，认为同时拥有这两种素质的治疗者就会获得成功。这一观点使他远离了梅斯默等人使用的浴室、铁棒和类似道具，也使他摆脱了梅斯默引起的危象和痉挛。侯爵的另一项重要贡献是，当病人处于恍惚状态时，他与其对话，并对其疾病进行治疗暗示。这是催眠疗法的起源。

继普赛格的发现之后，其他磁力说的实践者也纷纷发现自己可以诱导病人进入恍惚状态，而且还发现了现代催眠中的其他状态，譬如肢体僵硬症（在恍惚状态中部分肢体暂时性无法动弹）和健忘症。普赛格直到今天还不为人熟知，但他是催眠发展史上当之无愧的无名英雄。

磁力学说渐渐传播开来，但认为这是一个以磁流从治疗者到患者传导为基础的生理过程的人愈来愈少。意念和心灵的运用愈来愈受到重视，葡萄牙神父荷西·法里亚（1753 ~ 1816 年）进一步将其发扬光大。法里亚爱出风头，但他提出了催眠发展史上的两个重要观点。首先，神父让病人凝视一个固定不动的物体——通常是他的手，这种催眠诱导方法在以后得以广泛应用。其次，法里亚强调了类睡眠状态（恍惚）的重要性在于心灵对暗示的接受能力强。这也是现代催眠学说的一个关键特点。

然而，法国科学界——当时世界的科学中心之一——对磁力学说漠然视之、不为所动，催眠术的演变史暂时转向他处。

詹姆斯·伊斯岱的外科麻醉催眠术

催眠史上更为著名的大师是詹姆斯·伊斯岱（1808 ~ 1859 年）。伊斯岱于 19 世纪 40 年代在印度加尔各答的一家医院工作。

当时外科手术面临的一个突出问题是找不到有效的麻醉法。对此，伊斯岱采取的解决方案是利用当时仍被广泛称为梅斯默术的催眠方法对患者实施麻醉。伊斯岱从欧洲听说了这一非正统的医术而且认为并无风险，大可一试，结果引人注目。伊斯岱和其他医师使用催眠术在这家医院里进行了 3000 多例手术，术后死亡率从以前的 50％降至 5％。最令人称道的一次是对一个男病人的瘤切除手术，病人后来完全恢复并声称在瘤切除时没有感到任何疼痛。然而，伊斯岱的巨大成功并没有为催眠术在医学上的使用带来突破，他的方法遭到很多欧洲同伴的怀疑。19 世纪 40 年代，醚和氯仿先后被发现，利用二者制造的麻醉剂开始盛行，催眠术被束之高阁。

在英国，梅斯默术的医学使用同样激起了疑云重重。约翰·伊利欧森（1791 ~ 1868 年）在催眠史上的地位举足轻重，因为当他开始对这一主题产生兴趣之时，他已经是医学界德高望重的领头人物了。这样一位声名显赫的人士公开拥护磁流学说，不可避免地引发了英国医学界的激烈辩论。一个名叫拜伦·杜波德的法国人在 19 世纪 30 年代将神奇奥妙的梅斯默术介绍给了伊利欧森。鉴于自己的亲眼所见，身为英国伦敦大学医学院资深医师的伊利欧森，开始将这一技术用于手术麻醉。他的具体操作是将一枚磁化金属（比如镍币）在患者身上移动，这叫作磁力移动或梅斯默移动。伊利欧森在正统医术著作中报告了他使用梅斯默术所获得的巨大成果，同时他相信这是纯粹的生理过程，与心理无关。在一个病例中，他声称一位患乳腺癌的妇女在几个疗程后完全康复。然而，医学机构对此再次置若罔闻，原因并非催眠术没有疗效，而是没有人可以进行有理有据的解释。

尽管医学机构对梅斯默术可以说是深恶痛绝，但社会上很多人对 19 世纪 40 年代和 50 年代进行的一些梅斯默术表演深深着迷。在英国，1851 年被称为“梅斯默狂热年”。借助于铺天盖地的书籍、宣传册、报纸、杂志报道以及游行表演者，人们对催眠的兴趣空前高涨。

“催眠术之父”

弗兰茨·安东·梅斯默固然是催眠史上最为瞩目的名字，但“催眠之父”的桂冠当属苏格兰医师詹姆士·布莱德（1795 ~ 1860 年）。布莱德具备了梅斯默所不具备的一切。他头脑冷静、实事求是，进行系统化科学研究，不为表演技巧或夸大的语言所动摇。他的一个不朽成就是发明了“催眠术”的固定说法，该名得自希腊睡眠之神海普诺思。不过他后来认识到使用这个意思为“睡眠”的字眼并不是最恰如其分的选择。同样重要的是，布莱德非常清楚催眠是什么以及不是什么。他反对来自梅斯默的磁流和磁性学说，认清了催眠的心理本质。

1841 年，布莱德对催眠产生兴趣之时正在英国的曼彻斯特工作。他观看了卖弄张扬的法国梅斯默术师查尔斯·得·拉封丹纳的表演，起初是半信半疑。然而，在后来与拉封丹纳及其同事的一次私人会面中，这个法国术师使其追随者陷入了深深的恍惚中，这使布莱德深信其中确实存在着值得研究的科学现象。布莱德急于弄懂他的亲眼所见，对梅斯默术进行了两年试验后，他出版了以此为主题的书——《催眠学》。他在这本出版于 1843 年的书中首次使用了术语“催眠术”。

布莱德是第一位真正的现代催眠学家。他没有将这种现象与超自然联系起来，他不相信内在原因是磁流或动物磁性。他不像任何梅斯默术师一样进行抚摩，而是让患者把注意力集中在一件物体上——通常是他放置手术刀的盒子——从而引发恍惚。他还清楚地认识到心灵的力量可以影响到身体，而且按照恍惚的不同程度加以区分。

尽管布莱德是一位备受尊敬的医师，但他的催眠观点在英语国度里并没有被立即接受。不过，他的观点在后来大大影响了一些国家催眠术的发展进程。

源于欧洲的梅斯默术于 19 世纪 30 年代和 40 年代在美国盛行一时。众多欧洲梅斯默术师在 19 世纪 30 年代将梅斯默术引入美国，从而使其迅速流行，其中最为著名的是法国人查尔斯・波殷・圣・索沃尔。美国的医师很快吸纳了这一思想，并发明了自己的技术和对这一现象的命名。美国最著名的先驱者是拉・罗伊・桑德兰德（1804 ~ 1885 年），他对观众讲述这一话题直至将其中很多人催眠。另一位梅斯默术的实施者是菲尼艾斯・奎姆贝（1802 ~ 1866 年），他发现可以通过把自己实施催眠并将“精神能量”移到患者体内达到治愈目的。

催眠术在法国的发展

19 世纪中期，美英两国对催眠一度高涨的兴趣日益消退，这时法国一马当先，充当了领路人。这源于两件偶发事件。第一个是在 1860 年，苏格兰催眠学先驱詹姆士・布莱德的一篇研究论文在巴黎的一次科学聚会上宣读。当时在场的有一位名叫安勃罗斯・奥古斯・赖波（1823 ~ 1904 年）的医生。赖波亲手试验了布莱德论文中描述的催眠方法并发现了其有效性。事实上，这位乡村医生发现自己甚至不必像布莱德推荐的那样让患者凝视某件物体，只要赖波相信并暗示恍惚或者一种睡眠状态，他就可以成功地将患者导入恍惚状态并借助于暗示力量治愈疾患。这种催眠方式与现代催眠手段极为相近。然而赖波却默默无闻，毫无声望。为了将自己的发现公之于众，赖波出版了一本书，然而这本书在数年之中仅卖出 5 本，赖波对催眠学做出的巨大贡献似乎要永不为人所知了。

这时，第二件事情发生了。南希大学的一位知名医学教授得知了赖波的观点并被深深吸引，这位教授就是希波列特・伯明翰（1840 ~ 1919 年）。他将一个“无可救药”的病人“推荐”给赖波，初衷是想证实赖波是个骗子。结果恰恰相反，他对赖波能够治愈病人坐骨神经痛的医术大为赞叹，盛情邀请赖波到大学里与他一起工作。两人一起成为催眠学“南希学派”的创始人。他们相信催眠更加倾向于心理反应，而非生理，暗示的力量至关重要。两人还坚信在医生与患者之间建立亲和关系的重要性，这与很多现代催眠学家的观点不谋而合。由于伯明翰德高望重，人们对催眠学的信任度也与日俱增。

影响更大的是当时的医学泰斗让 – 马丁・夏柯特（1825 ~ 1904 年）对催眠学的接纳。身处巴黎的夏柯特专攻神经病学，是一位才华横溢的科学家和内科医师。这位极具人格魅力的法国人被称为“神经病学的拿破仑”，他被催眠深深吸引，并在患者身上加以应用。他的这一举动使催眠最终成为一个严肃的研究课题。不过，夏柯特的催眠观点与南希学派以及大多数现代观点南辕北辙。夏柯特认为催眠是歇斯底里症（癔症）的一种形式，在有些情况下催眠疗法甚至会带来危险。两大阵营——伯明翰、赖波带领的南希学派和夏柯特带领的巴黎学派——就催眠的真正本质苦苦相争。尽管夏柯特才华出众、声望颇高，最终却是南希学派占了上风。催眠作为一个争论的问题和研究的课题被越来越多的人所熟悉，然而，他们无法预见的是，夏柯特的一个弟子不久就要扭转乾坤，将催眠再次推回到科学疑云中去。

南希学派和巴黎学派僵持不下的一个问题是：人们在恍惚状态中能否被游说做违背自己意愿的事情。伯明翰认为被实施催眠的对象会顺其自然地成为一个机器人，完全依从催眠师的指挥。巴黎学派则坚持认为人们在催眠状态中不会丧失本性，只是会沉迷于演戏之中。

其实，从现代对催眠术的研究来看，绝大多数的催眠学家认为，人们在催眠中是无法被迫违背自己的本质信仰和道德观说话或做事的。只有你想要达到无意识行为的一种变化时，才能达到这种变化。也就是说，如果你不想达到那种变化或者做出那种行为，那么反映你真实想法的潜意识就不会要求你去做。的确，在每个人的潜意识中都有一个坚守不移的任务，那就是保护自己。每个人的内在都有这样一个极其重要的自我保护机制，从而使人们不会因外界的引导和刺激而做出潜意识里并不认同的事情。

弗洛伊德与催眠术

众所周知，西格蒙德·弗洛伊德（1856 ~ 1939 年）是心理学发展史上影响最为深远的人物。不为人熟知的是，这位心理分析的始祖在事业早期曾经是催眠学的倡导者。

弗洛伊德早在19世纪80年代在巴黎学医时便开始接触催眠，而当时将催眠介绍给他的正是他的导师——法国权威精神病学家让－马丁·夏柯特。事实上，弗洛伊德很早便对这个课题产生了兴趣。当时他在维也纳学医，碰巧观看了备受赞誉的丹麦舞台催眠术师卡尔·汉森的表演。他在催眠秀中的亲眼所见使他坚信了催眠现象的真实性。

师从夏柯特数年后，弗洛伊德成为催眠学的公开拥护者，并在自己的治疗中加以运用。他对病人使用直接暗示，他还与同样身为科学家的朋友约瑟夫·布洛伊尔合作，对病人实施催眠疗法。二人最为著名的病例是对安娜·欧的治疗。安娜患有当时被列为癔症的一系列症状。布洛伊尔发现，当她被催眠后，她可以将这些症状追根溯源到现实生活中，并由此得以治愈。

弗洛伊德对大脑的隐秘部分——潜意识及其对人体的影响几近痴迷，催眠学理论帮助他进一步探索这一课题。然而，19世纪90年代中期，他抛弃了催眠学，代之以自由联想方法。

为何他摒弃了催眠学而选择了其他领域呢？原因肯定不是他怀疑催眠的有效性，因为弗洛伊德多次成功运用这一技术，必然清楚其有效性。不过，他发现催眠中使用的暗示效果不能持久，同时他还担心患者会通过将自身的强烈情感移到治疗者身上（这一过程叫作移情）而对后者产生过度的依赖感。

一些批评者提出，弗洛伊德并不十分擅长催眠术，因此才想出自己擅长的一项新技术——自由联想。也许，更大的可能性是弗洛伊德对当时实施催眠术的专断方式不甚满意：患者以一种极其直接的方式被告知自己将要进入睡眠状态，而今天更受欢迎的方法是间接的所谓容许性的手段。

无论真正原因到底是什么，最终结果是，弗洛伊德的抉择使催眠学在 19 世纪来临之际丧失了成为大脑科学前沿学科的机会。

20 世纪的催眠学

皮埃尔·简列特

20 世纪初期，科学界对催眠学的兴趣与日递减，部分原因是弗洛伊德与其他一些科学家在心理分析领域引领了新方向。催眠术不再被当成理解大脑技能的工具，也不再被用来治疗患者。这样，催眠术在历史上又一次被杂耍艺人和表演术师们用来哗众取宠，而科学再次将其拒之门外。直到今天，舞台催眠师仍然坚称是他们的前辈在 19 世纪末 20 世纪初维持了催眠学的生命。

不过，仍然有一些医学专家一如既往地支持催眠事业的发展，法国人皮埃尔·简列特（ 1859 ~ 1947 年）就是其中之一。简列特认识到他所称的“潜意识”是与意识并存的永久性状态。他认为，大脑在催眠中被分离，即分裂为意识和潜意识。而在深度恍惚中，潜意识实施有效控制。简列特认为一个人遇到的问题可以被强迫进入他的潜意识中，出现癔症症状。这个观点以及简列特的潜意识理论都与弗洛伊德的理论很相似。与其同时代人不同的是，简列特依然相信催眠的作用。1919 年，他虽不得不伤感地接受催眠被忽略的现实，却预言道：催眠终有一天会再次成为严肃科学的研究领域。

克拉克·赫尔

另一位对催眠兴趣不减的专家是美国心理学家波里斯·萨迪斯。他在 1898 年出版了一本对心理学意义重大的著作《暗示心理学》。在英国，约翰·米尔恩·卜兰威尔于 1903 年出版了著作《催眠术：历史、实践与理论》。这本书使学术界对于催眠术的兴趣得以延续。

当时，催眠学的最主要人物是美国学者克拉克·赫尔，他是当时最受尊崇的心理学家。赫尔于 1918 年获得了威斯康星大学的心理学博士学位，并在接下来的 15 年中将大部分时间用于研究催眠术，尤其是暗示感受性。他的努力终于结出了硕果，他于 1933 年出版了著作《催眠与暗示感受性》，这本书直至今天仍然是该领域的重要文献。赫尔的首要成就之一是鼓励各大学和研究所进行催眠学研究。在此之前，大部分的研究都是由个体治疗催眠师在接受催眠的患者身上进行的，因此缺乏科学严密性和精确度，而科学机构对催眠仍持怀疑态度。1930 年，身在耶鲁的赫尔被禁止在学生身上进行催眠实验，因为学校当权者害怕这会带来危险。

米尔顿·艾瑞克森

在 1923 年的一次讲座上，威斯康星大学的一位年轻的心理学学生对克拉克·赫尔的催眠术展示大为着迷，他将受催眠者拉到一旁，自己进行了亲身实验。这名学生就是米尔顿·艾瑞克森（1901 ~ 1980 年）。由此开始，他踏上研究催眠的征程，最终成为美国催眠学界的泰斗。他既是研究者又是从业者，在长期的职业生涯中对数千人实施了催眠。艾瑞克森出身贫寒，在世的大部分时间疾病缠身，但他却出类拔萃，极具人格魅力，一直把催眠术用作治疗工具。他最为重要的观点之一是无意识的心灵是自我治愈的无比强大的工具。他相信，我们每个人体内都蕴藏着自我帮助、自我修复的能力。

艾瑞克森在个人成长道路上跨越了无数障碍，最终成为美国最负盛名的催眠学家。他出生于内华达州的一个贫苦家庭，17 岁时身患小儿麻痹症，行动大大受限，医生诊断说他将永远失去行走能力，但他凭借顽强的抗争证实了医生论断的错误性。在以后的生命中，艾瑞克森受到病魔的一次又一次攻击，经历了小儿麻痹症的数次病变，除此之外，艾瑞克森还是色盲和音盲。但他从未退缩，与疾病进行了一次又一次的抗争。他说，由于年轻时患病导致行动受限，他对肢体行动以及人们如何进行语言和非语言交流非常敏感，这使他能更好地观察和理解病人的反应。他所遇到的麻烦不仅是生理方面。在事业早期，当时不相信催眠术的医学权威威胁要没收他的行医执照。

艾瑞克森对催眠术做出的最大贡献是研发了诱导恍惚和对无意识大脑进行暗示的有效技巧。在他之前的恍惚诱导方法十分单一教条，接受催眠的患者只是被告知自己感到困倦、将要进入恍惚状态。艾瑞克森没有完全摒除这一方法，但主张根据患者个体的个性和需要对治疗师的手法加以调整。他研发了被称为间接催眠或“容许性”催眠的技巧，通过运用语言使患者融入到双向过程中去。他们会有效地将自己导入恍惚状态。其中一个著名手法是“混乱”技术，即通过在混杂的句子中使用毫无意义的词语，使有意识的头脑发生涣散，继而使患者进入恍惚状态。艾瑞克森还在催眠中使用隐喻和讲故事的手法，对他来说，语言的想象性使用非常重要。他总是在治疗手法上极为创新，并且相信几乎每个人都可以被催眠。艾瑞克森写下了大量催眠著作，但成为他永久性遗产的仍然是这一实用而创新的催眠疗法。当今的许多从业人员都在他的著作中得到了启发。

催眠术论战

美国催眠治疗师大卫·艾尔曼（1900 ~ 1967 年）是一位舞台催眠师的儿子，研究出了迅速有效的恍惚引导技巧。他着重于绕过大脑的判断技能而导入恍惚。与艾瑞克森一样，他的催眠技巧和手段也被当今治疗师广为采用。

20 世纪后半期，催眠的医疗运用——催眠疗法——越来越普遍。与此同时，关于催眠性质的两种互相冲突的理论也在发展之中。

论战的一方认为人们在催眠中的意识状态发生变化。另一方则是学院派（也称自由主义思想流派），他们坚称催眠状态根本不存在，催眠中发生的一切都可以通过现存的心理现象得以解释。学院派中有部分美国学术界人士，西奥多·色诺芬·巴伯尔就是其一，他认为接受催眠的患者在催眠中的所作所为源于“任务动机”，即患者高度合作的意愿。他还认为患者在催眠状态下的行为来自于自身的想象。

与此针锋相对的是一些理论学家，比如已故的欧内斯特·希尔加德，他是斯坦福大学的资深心理学教授，20 世纪后半期催眠科学研究的先驱者。希尔加德认为，被催眠的人们会做出一些自身特有的行为。他规避了“状态”这个词，而是代之以“催眠范畴”。这场关于催眠性质的论战一直延至今日。

20 世纪催眠学界的另一位重要人物是柯盖特大学的心理学教授乔治・埃斯塔布鲁克（1895 ~ 1973 年），他与艾瑞克森正好相反，提倡传统的直接催眠诱导法。他的典型做法就是对患者说诸如“你马上要睡着了……我叫你时你才会醒……”的话。他还相信，在福利事业和间谍领域利用催眠具有潜在可能性。他声称：“我可以将一个人催眠，使他在毫无意识或违背自己意愿的情况下通敌叛国。”

在 1943 年出版的著作《催眠术》中，埃斯塔布鲁克提出被实施催眠的敌人队伍会危害到美国国防。两年后，他协助撰写了一部名为《心灵之死》的小说，小说中，德国人催眠了美国军人，使其自相残杀。

催眠术的现状

21 世纪来临时，催眠术已经走过了漫长的发展道路。它最初起源于弗兰茨・安东・梅斯默的动物磁流学说，前景并不被看好，而如今催眠学已正式成为一个合法的科学研究领域，还是一种宝贵的治疗工具。每天，世界各地都有成千上万的人使用催眠来戒掉坏习惯、缓解疼痛或进行其他治疗；运动员、政治家、媒体明星和商界精英纷纷借助于催眠来赢得更大成功。然而，仍然有大量普通人对其半信半疑。造成这种情况的部分原因是社会上各种媒体形式对催眠的报道和描绘；还有部分原因应归咎于一些催眠术的不当使用者，他们将催眠术用于不可告人的目的。

一些人不愿将催眠看成一个严肃课题的另一原因是，科学家们还不能充分解释其作用机制。就连学术界还在对催眠的性质甚至其真实性争论不休，那么大众感到迷惑也就大可以原谅了。

值得庆幸是，催眠正在稳步赢得医学界的认可和接纳。早在 1958 年，美国医学学会就宣布它是安全的，没有任何副作用。此前 3 年，英国医学学会也做过类似声明，证实催眠是一个有效的医疗工具，可用于治疗精神神经病、缓解病痛。同时，美国和其他地方的众多医院也纷纷开始使用催眠缓解病人疼痛，并借此帮助病人适应其他治疗方法。

第二章

全面认识催眠术

什么是催眠术

催眠术概述

现代科学日新月异，取得了无数惊人突破，但是人类大脑精密复杂的运作机制仍然是个没有完全解开的谜。这样说来，学术界仍然对催眠性质及其作用机制众说纷纭便不足为奇了。这并不代表催眠是虚假的。实际上，科学家在近来的实验中已经证明，人们的大脑被催眠后确实会发生变化，催眠现象是真实可测的。而且，很多医学专家也已经认可了催眠在治疗某些病症、缓解疼痛方面卓有成效。然而，还是没有一个普遍接受的理论可以确切解释催眠的性质以及运作原理，现存的大量科学观点各有不同，有时还互相冲突。

催眠是以人为诱导（如放松、单调刺激、集中注意、想象等）引起的一种特殊的心理状态，其特点是受催眠者自主判断、自主意愿行动减弱或丧失，感觉、知觉发生歪曲或丧失。在催眠过程中，受催眠者遵从催眠师的暗示或指示，并做出反应。催眠的深度因个体的催眠感受性、催眠师的威信与技巧等的差异而不同。催眠时暗示所产生的效应可延续到催眠后的苏醒活动中。以一定程序的诱导使受催眠者进入催眠状态的方法就称为催眠术。

催眠术在中外民间源远流长，近一二十年来，随着由单纯的生物医学模式向生理、社会、心理这一新的医学模式的转变，社会、心理因素对疾病和健康的影响日益受到重视，使催眠术有了新的发展。

根据不同的施术方式、时间和条件，催眠术的种类划分也很多。

按施术者可分为自我催眠、他人催眠。按暗示条件可分为言语催眠，即运用语言进行暗示；操作催眠，是运用行为、动作、音乐或电流等作为暗示性刺激达到催眠状态。按意识状态可分为苏醒时催眠和睡眠时催眠。按进入催眠的速度可分为快速催眠和慢速催眠。按接受催眠的人数可分为个别催眠和集体催眠。按距离又可分为近体和远离，后者如电话、书信、遥控催眠。按催眠程度又可分轻度、中度和深度三种。

由于催眠术离不开暗示的方法，所以又可称为暗示催眠术，作为心理治疗的一种方法，也叫暗示催眠治疗。

什么是催眠

如果问 100 个催眠师，催眠的准确定义是什么，那么就可能会得到多于 100 种的答案。事实上，对于催眠的定义并没有一个统一的答案。通常人们对催眠到底是什么、不是什么是没有一个统一的定论的。大部分关于催眠的定义还是用来描述催眠是如何被导入的，而不是具体去解释什么是催眠。

出于指导意义，一个简短而广泛的综合定义得到了大多数人的认可。它涵盖了催眠的所有要点：催眠是一种注意范围被集中缩小的状态，在该状态下，建议性和暗示性可以被极大地提高。

人们可以通过很多办法进入催眠状态，从而让外界的建议、信息瞬时或持久地进入深层大脑。但是催眠并不能直接改变人，它只是能让人保持长久稳定的、最有利于进行改变的状态。

治疗学所使用的催眠状态纯粹是为了帮助催眠师达到治疗的目的，在该状态下，很多积极的想法、价值观念等会被高效率地吸收并且导入人大脑深处，从而给人带来可喜的转变。对比之下，舞台催眠师所提出的催眠建议或指令只在舞台表演过程中发挥作用，而临床医学催眠师所发出的建议或指令会在催眠开始后保持长久的效用。

事实上，医疗方面的建议只是推荐给受催眠者的两种建议中的一种。有些建议或提示是用来立刻改变受催眠者的信念、态度或行为的，而另一些建议和指令是用来引导受催眠者的一种滞后反应的，这种反应只有在催眠后的一段时间才表现出来。这种建议或指令被称为催眠后指令。这两种建议形式都是有效的，而且在催眠过程中均被广泛应用。

什么样的人才能被有效催眠

很多打算尝试催眠的人向催眠师提出的最常见的问题就是“我能被催眠吗”，回答往往是“是的”。

其实，催眠就好比一种力量——一种属于大脑的力量。催眠是你曾经多次进入的一种精神状态或操作过程，只是你不曾意识到而已。举个例子，当你在看电视或阅读小说的时候，就有可能已经进入催眠状态了。催眠治疗师把它称为“催眠行为”。催眠行为与催眠治疗的不同在于，后者的目的是让受催眠者进入一种指定的状态，并利用这种精神力量在实践中获益。比如说，电视节目制作人会通过广告来引导你进入催眠行为，从而去购买他们推销的产品；一个政治领袖会在演讲中利用自己关于精神领域的知识去感染那些听众。

对每个人来说，催眠既是一种技巧也是一种天赋。技巧是需要你去学习和练习的东西，天赋则是你本身所具备的能力。几乎每个人都具备一定程度的催眠方面的天赋。所以，可以肯定地说，你是可以被催眠的。

为了便于理解，我们把关于催眠的技术和天赋比作一个人的音乐天赋。很多人都有使用乐器的天赋（哪怕它是潜在的）。经过多次尝试、接触和练习，这些人会变得非常熟练，甚至会变成杰出的音乐家。还有一些在音乐方面极有天赋的人，只需要极少的练习或培训，就可能以出色的表现来震惊听众。然而，有些人先天失聪，也就没有音乐天赋了，对他们来说，再多的练习也不可能帮助他们在音乐方面成功。

对于催眠而言，大多数人都一样，都存在着一定的可能被催眠的潜质。至于你能够在催眠方面变得多么熟练，很大程度上取决于你有多大的兴趣以及你的练习程度。也许你具备这方面的天赋，可以选择简便、迅速地进入深度催眠。如果你想去参加舞台催眠表演，那么催眠师一定会注意到你，而你也很可能成为这方面的明星。你可能以惊人的效率来催眠自己，而不用像别人那样，需要经过大量的练习才能做到。还有极个别的人，天生就没有一点被催眠的天赋，因而不管他们怎么去尝试，也不可能被催眠。这种催眠缺陷产生的原因可能是由于精神或智力方面的失调导致的，也可能是一些大脑内部组织受损导致的。

如果天生就具备催眠的潜质，那么你可以充分利用这种潜质，不断完善这种技巧，尽快进入催眠。到底有多快呢？答案有两种：一种是你可能进入极度深层的催眠状态，另一种是你只进入了初步的催眠状态。但是必须牢记："初步的，中间状态的催眠，对于你想要达到的最终自我完善的目的，都是不可或缺的过程。"这句话的意思是说，只要你不是那种对催眠没有任何反应的人，你就可以通过不断的努力达到催眠，实现自己的目标。至于你能够达到哪种程度的催眠，很大程度上取决于你的决心和练习。最乐观的情况是在你第一次尝试催眠的时候就能成功，这样在以后的催眠过程中，你会越做越好，越做越快。

就像梅斯默理论刚刚提出来时，极度昏迷性催眠让很多人感到困惑、恐慌。为了避免类似的现象发生，这里先阐明一下什么是"极度昏迷"。其实有好多种极度昏迷的催眠状态，其中之一被催眠治疗师称为"梦游"。这也是媒体最感兴趣的一种，以至于把梦游当成催眠的主要象征。在现实生活中，有一些人容易进入这种深层的催眠状态。在催眠医学中，我们把这些人称为“梦游者”，因为他们很容易进入梦游状态。

梦游者在深层催眠状态下可以做出很多在初级催眠状态不可能发生的事情。他们几乎可以接受任何非威胁性的建议、指令。他们可以返回到任何年龄段。可以想起以前发生的任何事情，可以激活自己的记忆，可以自动控制身体。他们甚至还可以接受一些特殊的非正常的催眠后指令，并且对催眠时周围发生的事情毫无知觉。这些人相当富有传奇色彩。那种愉快的体验是催眠爱好者的梦想。但是它太少见了，估计全球只有不到 20% 的人具备梦游的能力。

那些舞台催眠师，往往希望人们相信他们是可以让任何上台参与表演的人进入梦游的催眠状态的，而事实上，这是不太可能的，除非前去观看表演的观众足够多，而且正好其中有一两个人是那种能够梦游的人。就算这样，也需要催眠师费好大力气正好把他们挑出来。事实上，任何一个中等水平的催眠师都可以不费吹灰之力将这种具备梦游能力的人带入深度催眠状态。而这些人对那些催眠指令非常敏感而且容易接受。也就是说他们表面上是被催眠师催眠了，其实是由于他们自身具备这种潜能。

到目前为止，很多人还是固执地认为，只有梦游才是真正的催眠。这种想法，就好像认为只有像铅锤一样潜入到水平面以下两万里的深度才叫真正的潜水一样不可取。催眠是一个相对性的概念。很多人因为忽视了这一点而对催眠产生了误解。

催眠、沉思以及第一状态

催眠与沉思的区别是什么？由于用来定义两个不同的名词的

方法有很多，所以，就不能保证哪种是对的、哪种会让人产生误解。问题的关键是，你自己如何看待催眠与沉思的关系，你是否认为它们是一样的。观点不同所做的定义自然也就不同了。催眠是一种注意范围被集中缩小的状态，在这种状态下，建议性和暗示性可以被极大地提高。要给沉思下定义就不那么简单了，因为沉思有很多种。如果你所指的沉思就是那种保持安静状态，口中念念有词，然后达到心无杂念、心如止水的境界的话，那么这种沉思与催眠之间既有相似之处，也有不同之时。可以肯定的是，这种沉思的方法有时可以帮助沉思者进入催眠状态。但是这两者之间最大的区别就是它们的目的不同。催眠不仅仅是为了保持思绪的宁静，更重要的是利用这种精神状态来将自己想要的外部建议和指令导入大脑的潜意识中去。沉思就不一样了，沉思者只是从大脑的自我平静状态中直接受益，它不像催眠那样可以得到自己想要的既定目标。沉思者只能通过不断的练习而振奋精神，保持平和的心态或得到某种满足感。除此之外，不能做任何像催眠可以做到的改变、完善。

此外，还有许多其他形式的沉思，其中有一种叫作“活动式沉思”。在这种形式的沉思中，你可以一边放松自己的身体，一边进入一种带有自己目的和想法的沉思状态。这种形式的沉思事实上是与广泛意义上的催眠是一样的。不同之处就在于它们用来进入状态的方法、技巧有所不同。

很多人会问“创造性想象”是否也可以被用来定义催眠，回答是肯定的。事实上，它也是属于催眠的一种形式。这种创造性想象曾被夏科特·岗卫广泛使用且风靡一时。他告诉人们应该先从头到脚地放松自己，然后再开始利用创造性想象来引导他们的大脑内部做出一些包括体内及体外的调整。这种放松总是能让人进入一种可建议性状态。而那些想象则是用来帮助创造或是支持你预期想要的结果。“创造性想象”的支持者没有把它的一些其他特征或群化关系定义为催眠，这是很明智的。为什么呢？因为虽然催眠术已经被广泛地传播，而且被接受认可有些年了，但是仍然有些人对“催眠”一词感到恐惧。

此外，还有一些学过大脑控制术的人，他们专门教别人如何进入一种大脑集中的状态——第一状态。“第一状态”是否与“催眠”是一回事呢？这主要取决于你如何定义它，以及你使用它的最终目的。当一个人进入了所谓“第一状态”后，他的身体开始放松，而这时他的大脑注意力很集中，比较容易接收或吸取新的信息，那么可以断定，这就是一种催眠状态。但是，催眠并不是总发生在“第一状态”。可以说，“第一状态”与“催眠”经常是重叠的，但不是同一个概念。

催眠术的原理

为了理解催眠的基本原理，将意识与潜意识正确区分开来是很重要的。

你是否曾经冥思苦想过，为什么要改变自己不希望有的态度和举动是如此的困难？例如，为什么你不能痛下决心戒掉吸烟的习惯、为什么不能将你爱吃的油炸面圈扔到一边……答案就在这里。有些人会说“是的，我一定会改变的”，而另一部分人则说“不可能，我一直都这样，改不过来”。由此可见，在我们的大脑里隐藏着两种不同的倾向，即同意或不同意某些东西被改变。

人们头脑中的每一个想法或意识至少存在着两种不同的倾向，我们把它们称为意识和潜意识。意识也可以被称为积极意识或既定意识，它包括了一个人当前所关注的领域。它促使你决定开始阅读这本书，它让你做出各种决定，比如早饭吃什么、给谁打电话，以及下班后去哪里等。

潜意识则是大脑中隐藏在人所关注的事情表面之下的一种功能性倾向。正是由于潜意识的作用，使你在还是一个初学者的时候，阅读本书每页的文字时会感到像是在破译密码一样痛苦。

潜意识同样会作用于你的身体。它知道如何在最短的时间里伤害你的心灵，如何让你对自己的早餐感到恶心，以及其他许多由于你没有给予适当的积极意识而引起的不良反应。有些潜意识早在你出生时就已经建立起来了，比如你的一些身体反应。潜意识的其他功能则是在你后期的学习阅读过程中，伴随着大脑意识的形成而悄然滋生的。潜意识在你的记忆系统里无孔不入，它禁锢着你所有的特性以及信念，不让它们被侵扰或改变，潜意识会让你持续地保持原有的、经常的行为模式。

不管你是否已经意识到，事实上意识和潜意识之间都是存在着信息传递的。比如说，当你想要看书时，意识就会传达信息给潜意识，以便于完成使用你的胳膊和手部的肌肉来翻书的动作。经过长期的锻炼，潜意识会针对意识经常使用的信息做出简单而迅速的回应，并通过准确的肌肉部位、运动方式和一些辅助措施来实现你的目标。通常情况下，潜意识是服从意识的指令的，但有时情况会相反，因为潜意识会对意识做出的突然改变产生抵触。当你计划着改变自己曾经一贯的行为、信仰或者态度时，这种抵触作用就会表现得更加强烈。

大脑程序

在电脑程序员中流行着一句话——“垃圾进，垃圾出”。它的意思就是说，当你向电脑输入错误数据后，你一定会想方设法把它清除掉，使结果不至于那么糟糕。

在某些方面，人的大脑就好像一台复杂的电脑。人的思维模式以及一系列行为就好像安装在电脑里的既定程序一样。有些“程序”是你自己“安装”的。比如，当你第一次吃巧克力的时候，你非常喜欢它的味道和品质，于是你便开始经常吃巧克力，以至于养成了吃巧克力的规律性习惯。而其他一些“程序”则是由你的老师或父母“安装”的，例如，他们可能经常鼓励你去接触一些新古典主义的艺术品，当你成年以后，你就会对这些古典艺术品非常欣赏，而且会去收藏它们。

同样，你身边的朋友也许从儿时起就开始影响你精神生活方面的习惯。就拿抽烟来说，当你的朋友第一次给你一支烟的时候，你会觉得非常不适应。但是慢慢地，你就会习惯抽烟时那种放松的感觉，从而接受了它。30 年后，你仍然在抽烟，你的潜意识里已经习惯了抽烟时的感觉。这种“程序”已经深深地刻在了你的大脑里，尤其在你感到有压力的时候，它会显得格外活跃。就像计算机里的程序在接到正确指令后会被激活一样，当某种想法产生或者某一事件发生时，存在于你潜意识里的“程序”也就被激活了。这在你平时的学习中是很重要的，很多时候，有利于你发挥优势。然而，某一天，你可能会意识到你不再想要使用过去的那一套思维和行动方式；可能你想要把过去存在于你脑中的一些“垃圾”清除掉；抑或你想要在大脑中添加一些新的程序，比如一种新的态度或者行为。于是，你渴望改变编程的过程。

重新编程

修改、安装或者卸载计算机中的一个程序，相对来说比较简单，而要改变大脑中的程序就不那么简单了。

你的大脑就好像一个装有过滤和防御等安全系统的机器，这些过滤器专门用来扫描那些新的想法和行为，从而判断它们是否是你真正想要的东西。它将新的想法和信息与你现有的知识和信念做对比，由于这些新的东西与你大脑中的固有程序不兼容，所以要接受这些突然的改变，过程会很缓慢。改变程序的过程有助于使你的信仰、性格、感觉与现实更加协调，因为你的潜意识不具备识别能力。

所有想法、建议一经通过过滤系统，就被确认为正确指令。所以，安全系统不会轻易接受每一个建议而让你的想法变来变去。如果没有安全系统的保障，你将处于一种混乱状态。可以想象，没有了这些识别保障过程，你每天接收成千上万的信息，大脑将是多么混乱。你大脑中的安全系统有时可能会拒绝接受你想要的改变，甚至是一些发自你内心的想法。它可能阻止一些有益的想法进入你的大脑、融入你的生活。它之所以这么做，是因为它是根据过去的经历以及以前接受的信念。例如，很多吸烟者都会有一段时间觉得戒烟很难，因为他们已经接受了这样一种信念：“戒烟非常不容易。”

有好多种方法可以被用来对付大脑中的安全系统，当然对比之下有些方法比其他的更为有效、可取。例如，有些人带着强烈的愿望去改变自己，他们不断地重复一个新的举动，以便让它变成一种习惯。当然很多时候，这种方法会受到阻挠和挫折，无功而返。由于你不断地做新的尝试，就会慢慢地制服或掩盖大脑中的安全系统，你的大脑内部就会接受这种新的做事方法，使它成为一种习惯。

另一种对付安全系统的方法就是使用坚定的信念。通过不断地重复你的信念，最终可能导致你想要的改变。通过几天、几周或者几个月的不断重复，你的大脑接收的信息快要达到饱和状态，它开始慢慢地确定你的信念为正确指令并且接受了它，从而给出你想要的结果。当然，这个改变的过程通常比较慢，而且会附带一些疑点，有时也可能被挫败。这是因为很多人既没有坚强的意志来强化自己的大脑接收新的信念和行为，也没有足够的耐心来天天重复自己的信念。幸运的是，这里还有一种更为简便的方法来对付你大脑中的安全系统。

利用催眠来解除你大脑中的安全系统

催眠其实是你用来改变自己的一种更为可取的方法。它可以通过解除或绕开你大脑中的安全系统而直接与大脑进行长时间的对话。在这种情况下，安全系统形同虚设，而大脑却可以立刻接收来自外界的诸如停止吸烟、保持食欲以及其他任何你想要大脑吸收的东西。你所提出的新建议就好像一套新的程序，催眠可以不经过层层检测和怀疑轻松地帮你将这个程序安装到大脑中。这种改变比之前提到的那些方法更快更简单。这就是催眠在改变自我方面会如此简单有效而且受人青睐的原因。

催眠的心灵状态与阶段

催眠的一个重要部分是恍惚状态。潜意识此时摆脱了有意识心灵判断能力的束缚，开始接受暗示。

首先，来看一下我们所经历的不同心灵状态。第一个是清醒时的 β 状态。在这种状态下，我们的大脑高度警惕，能够正常使用推理和逻辑。科学家们测量了不同状态下的大脑活动，并使用脑电图仪（EEG）对活动进行监控。在 β 状态下，脑电波的活动速度在每秒 14 ~ 30 周。

第二个心灵状态叫作 α 状态，此时脑电波活动速度为每秒 8 ~ 13 周，我们的心灵仍然处于警惕状态，但较为放松。我们在这种心灵状态下通常更具创造性，更容易接收新信息、发挥想象力。一些催眠学家认为，这一状态是从有意识心灵进入无意识心灵的门户。我们每天都会经历 α 状态，比如沉迷于电影中、马上要睡着或刚刚睡醒时。催眠学家认为，我们进入 α 状态时也就开始进入恍惚了。

第三个心灵状态是 θ 状态，此时脑电波活动速度为每秒 4 ~ 8 周。这一状态高度放松、平和，伴有睡梦。它有时被称为睡梦状态。当我们进入深度睡眠或刚从深度睡眠中苏醒时都会体验到 θ 状态。

最后是 δ 状态，脑电波活动速度少于每秒 4 周。这属于深度睡眠状态，心灵完全失去意识，催眠还不能达到这一状态。

需要指出的是，各个水平的脑电波并不严格地局限于某种特定心灵状态。比如，当我们处于 β 清醒状态时，大脑里仍然存在 α 或 θ 电波。以上 4 种状态是按照占主导地位的某种波长来划定的，它们对于催眠的意义在于——催眠性恍惚发生于 α 和 θ 状态，就在这时，对无所不在的无意识心灵的暗示才不会受到有意识心灵判断能力的阻碍。当接受催眠的患者的判断官能开始退居二线时，暗示才能作用于无意识。

催眠恍惚经常被划分为 6 个不同阶段或深度，每一个阶段都伴随着催眠师诱导出的不同表现。催眠师懂得如何诱导并辨识这些不同程度的恍惚状态。

第一阶段：这一阶段伴随着瞌睡，放松开始，受催眠者开始“想睡觉”。其实，催眠并非睡眠，催眠师在这时使受催眠者出现第一次肌肉僵直。也就是说，受催眠者的一些肌肉开始变得沉重，受催眠者无法移动它们。首当其冲的通常是肌肉较少的眼睑。受催眠者的眼睛会紧紧闭上，并且感觉自己没有力气睁开双眼。

第二阶段：这个时候，受催眠者的某些肌肉组会出现僵直，比如一只胳膊。他们还可能会有沉重感或飘浮感。同第一阶段相比，这一阶段可以被看作是轻度恍惚。恍惚程度逐渐加深接近第三阶段时，则进入中度恍惚，这时，受催眠者的双腿甚至全身都会僵直。

第三阶段：在中度恍惚的第一层，受催眠者除了感到肌肉僵直外，味觉和嗅觉还可以被改变。这时，催眠师将一朵香气扑鼻的玫瑰放到受催眠者的鼻子下方，对其潜意识暗示说它闻起来像只臭袜子，受催眠者的身体便会做出相应的反应。在这个水平上，催眠师还可以使受催眠者忽略一个数字的存在。例如，催眠师可以暗示说数字 3 不存在，那么当受催眠者从 1 数到 5 时会直接从 2 跳到 4，把 3 漏掉。

第四阶段：随着中度恍惚的程度加深，催眠师可以诱导受催眠者出现健忘症——丧失记忆。这时可以加入后催眠暗示（关于受催眠者想要达到的习惯或行为变化）以确保受催眠者的有意识心灵不会阻碍无意识心灵发挥作用。其他现象包括部分肢体的感觉缺乏——麻木，以及痛觉丧失——无痛觉状态。

第五阶段：深度恍惚的第一层经常伴随着正性幻觉，即催眠师可以诱导受催眠者看到或听到不存在的事物或声音。例如，催眠师说一个空花瓶里放着某种花，那么受催眠者就能够对花进行描述。舞台催眠师在这时常常使用不平常的后催眠暗示，于是当受催眠者“醒来”时，他可能就会像鸭子一样嘎嘎叫或者像鸟一样扇动“翅膀”。

第六阶段：在这个程度最深的恍惚中，受催眠者会出现被麻醉现象，这时可以为他们做外科手术。另一个现象是负面幻觉，即受催眠者看不到或听不到实际存在的事物和声音。

上述 6 个阶段可以大致概括催眠症状，但受催眠者经历一些阶段的时间可能有所不同，而且不同个体之间的恍惚程度与行为举止也可能有很大差异。

催眠治疗师的大部分治疗工作可以在前 3 个阶段——较为轻

度的恍惚状态中——进行。这 3 个阶段被称为记忆留存阶段，后 3 个深度恍惚阶段常常被称为失忆阶段。

催眠过程

诱导

如果恍惚是催眠的关键，那么使别人进入恍惚的能力就至关重要了，这一过程通常被叫作诱导。当我们自己进入恍惚状态时，比如做白日梦，无意识心灵的关注点是白日梦的对象。而当一个人引导另一个人进入恍惚状态时，受催眠者无意识心灵的关注点是催眠师或者其无意识心灵与催眠师进行沟通。催眠师与主体无意识心灵之间的这种关系就是亲和感。在催眠疗法中，建立二者之间的高度亲和感通常被认为对成功具有重要意义。催眠师和主体进行催眠前沟通的大部分目的就是帮助接受催眠的患者增进了解和信任感，从而增强亲和感。催眠师会通过沟通为每个特定主体设计恍惚诱导的最佳方式和最佳台词。

1. 诱导的方法

恍惚诱导

恍惚诱导的方法多种多样，它们在接近方式、时间长短和气氛上有所不同。它们是命令式的或允许式的。这里将探讨诱导的不同类型以及它们作用的方式。虽然诱导方式彼此完全不同，但它们都会产生以下结果：放松身体和精神；注意力集中；减少对外界环境和日常事务的注意；更强的内在感觉注意。

固定诱导

固定诱导是将受催眠者的注意力集中在感兴趣的很小的一个点上，例如摆动的钟摆、墙上的一个点或一个蜡烛。当全神贯注在固定的一点上时，你的注意力会从外界景象和声音上直接被拉到目标上面。诱导需要几秒钟或二三十分钟，具体时间取决于你的暗示感受性。

使用此诱导，你要在一个舒适的位置上，并点上蜡烛，在它燃烧和闪烁时盯着火焰，全部的注意力都要集中在火焰。

诱导可以这样开始：看着火焰燃烧和闪烁，你的眼睛继续盯着火焰，全神贯注在火焰上。看着火焰闪烁，眼睛继续盯着。当你看着火焰燃烧时，你的眼睛会变得沉重、变得沉重，你的眼睛变得越来越沉重……越来越沉重……直到闭上。

快速诱导

快速诱导会非常快地引起催眠状态。该诱导由简短、快速的命令组成：闭上你的眼睛；低下头，让你的下巴碰到胸部；胳膊举到肩膀的高度。当你的胳膊觉得很轻，好像飘浮的时候，你就进入催眠了。

该诱导在有很高的暗示感受性的人身上会成功，大多数人会觉得太突然、不能放松。快速诱导与催眠治疗的关系最为密切。进行示范的催眠师能给观众一个暗示感受性测试快速确定其暗示感受性，然后他能用快速诱导对高敏感的人做出验证。在个人实践中，医生可能要与病人接触几次后才能确定他是高暗示感受性的。那么，在治疗这个人时，医生就可以用快速诱导以节省时间。

间接诱导

间接诱导不同于其他方法，它不使用任何直接的方式，相反，诱导交流是通过类比、象征的方式。该催眠方法对那些抵制其他多种直接诱导方式的人尤为适用。原因很简单：一个人是很难去抵制、拒绝他并未意识到的暗示的。

在间接诱导中，如果催眠师治疗一个因压力而心律不齐的病人，那么催眠师会讲一些老式的水泵如何被强健的老农民使用，当农民规律地、有节奏地抽水，水泵是如何可靠并且良好地工作的。

如果医生在治疗一个有梦游症状的孩子，他可能会讲一个关于冬眠的熊的故事，述说熊对温暖、睡眠的需要，以及长久休息带给动物的愉快。对于难以融入集体当中的大孩子，他不参加集体活动、经常搞破坏，医生会讲述迁徙的鸟经常要排队飞行，它们如何一起迁移，鸟群中的每只鸟如何占据一个相等的位置。还可能集中讲述每只鸟保持相同节律和速度的方式，以便使鸟群作为一个整体和谐地、优美地迁徙。

米尔顿·埃瑞克森是一名隐喻学硕士，他成功地治疗了多种症状病人。在一个病例中，他曾面对一位过着隐喻生活的病人。这个年轻人用床单裹着自己，走向病房，声称是耶稣。埃瑞克森走向那个人说："我知道你曾是个木匠。"当这个病人回答"是"的时候，埃瑞克森让他完成一个项目。他让病人做一个书架。这是病人康复过程的重要一步。

米尔顿·埃瑞克森并没有直接说明年轻人不是耶稣，而是暗示他"曾是个木匠"，这样，米尔顿·埃瑞克森就间接地使年轻人在做书架的过程中转变了自己“是耶稣”的隐喻。

放松诱导

放松诱导就是指自动放松身体的每块肌肉。放松过程可以从头开始向下进行，也可以从脚趾开始向上进行。这种方法在催眠他人或自我催眠时都可以使用。可以这样开始：深呼吸，闭上眼睛开始放松。只想着放松你身体从头到脚的每一块肌肉。

改进的放松诱导

改进的放松诱导是为了满足那些难于放松的人的需要。它广泛用于压力控制，合并了身体和精神上的放松。与经典放松诱导所需的 20 ~ 25 分钟相比，该过程需要 30 ~ 40 分钟。

当人们需要放松身体某一特定部位，以减轻肩部、胸部、腿部或其他部位的慢性紧张状态时，这个诱导最为实用。改进的放松诱导能一次放松身体的主要肌肉，首先集中在紧张的颈部，然后是肩部、后背等。使用时，可以从头部开始，向下进行；也可以从脚开始，或从身体任何部位开始。改进的放松诱导可以这样开始：让你自己舒适一些。注意力集中在你的右肩膀、绷紧右肩。（停顿）现在放松右肩膀。（停顿并重复 3 次）注意力集中在你的左肩膀、绷紧左肩。（停顿）现在放松左肩膀。（停顿并重复 3 次）现在集中在你的右胳膊……

不管你从哪里开始，你每个部位的主要肌肉都绷紧、放松 3 次。当全身都做了一遍时，你就彻底放松了。

2. 诱导的语言

诱导的语言是为了交流观点、思想和感觉。它把你的注意力集中在你自己、你的内心经历以及你的身体。它有助于你沉浸于幻想的世界中，并在意识水平之下进行交流。下面是诱导语言的关键组成部分。

（1）同义词：不仅仅使用一个描述性的词汇，而是用同义词来强化要描述的状态。它们能增强暗示，例如，你现在感觉自在、放松、平静、舒适等。

（2）解释性暗示：通过重复和解释暗示，加强理解、确保持续。例如，感到轻松流过你的身体、感到放松的温暖、放松身体的每块肌肉、感觉身体所有肌肉都放松。

（3）连接词：连接词有 2 个功能，保持语言流畅，防止独白被打断；进行一个指示。如“现在放松，并感觉所有肌肉都放松，然后深呼吸，并放松胳膊的所有肌肉，由于你已放松，感觉暖流流过你的身体”……在这个段落里，连接词“并”是反应的一个提示。

（4）指定时间：指定时间的词用于加强语气和强调。它们可提示暗示开始或结束的时间。例如，下面的任何提示都可以用来指示暗示的开始，“现在，就在此刻，放松你身体的全部紧张”“马上，你会感到完全放松”“早上，你会焕然一新、放松地醒来”。暗示的末尾可以有这样的信号，“2 个小时后，你会停止学习，结束考前准备”。

3. 诱导的声音

某些时候，你或许有对公共演讲者的演讲感到厌倦和麻木的经历，无论你如何努力都不能集中注意力。你不断地将自己拉回到所处的情形，并强迫自己仔细听每一个词。但是，事与愿违的是，你的思路还是漂移了。你的思路漂移是因为演讲者的声音将你带入一个恍惚的状态。事实上，某些人声音的语调、音量和其缺乏变化的特性，使它们具有很高的催眠性。

由于声音本身就可以诱导恍惚状态，所以你用来诱导催眠的声音对于你整个的催眠经历是至关重要的。声音可以是强迫性和指令性的，也可以是舒适美妙的。在你录下自己的诱导之前，仔细看一下以下催眠声音的特征。

基本诱导的声音主要是两种类型：单调的和有节奏的。

单调的声音使你的注意力本身变得集中，因为没有其他任何干扰或转移注意力的因素。单调的声音无论是在程度还是音量上都是没有变化的。它一直嗡嗡响："你将继续放松，现在放松你前额的所有肌肉，感受肌肉的平滑，平滑并且放松，休息你的眼睛。"

有节奏的或者歌舞会的声音使你平静，麻痹你，使你进入恍惚状态。用这种声音，可以预见句子中的重音。它们设定了一种舒适、温柔和可预料的节奏模式。例如，"……再深入，再深入，再深入，直到完全放松……"或者"现在你正放松你背部的所有肌肉"。

在这基本交流中，还有其他重要的因素。它们在整个诱导过程中不常用，并且零散分布于或是单调的、或是有节奏的基本声音中。这些因素包括：

（1）为了强调和加强的字词扭曲。有时候，为了达到特定的语气效果，将字词扭曲。例如，"感受那些肌肉的松……弛和放松，感受小腿肌肉的松……弛和放松，它们松……弛得像橡皮带"。在改进的放松诱导时，你很难放松和感到舒适的情况下，这些字词的扭曲特别有用。

（2）音调的提高。声音变化的水平随调的提高而变化。这种在单调或节奏性声音中产生的渗透情绪放松状态的语调是用作提示的。语调提升是为了强调催眠后的暗示，如“现在你将停止吸烟！”它也用作给出从诱导中醒来的命令，如“七,八,九,十，睁开眼睛，恢复过来，感觉好极了！”

（3）不间断的节奏。这种不间断的节奏是通过使用连接建立起来的。连续的语言引导你沿着诱导的方向前进。例如，“感觉你自己放松，继续放松，更深入地放松，感觉你整个身体在越来越放松……”这种不间断的话形成一种节奏，带你进入到一种恍惚状态，停止任何干扰，让你的注意力没有任何机会被转移。

（4）无声的停顿。为了使你有一个反应提示或指令的时间，诱导者使用了无声的停顿。例如，“现在，深呼吸，（停顿）现在呼气。（停顿）”这种停顿也用于改进的放松诱导中。“注意你的右脚，绷紧你的右脚，（停顿）现在放松你的右脚。（停顿）”给每一个反应以足够的时间是完全必要的。否则，你将感觉到着急或匆忙，从而放松也是不可能的。

4. 诱导的步骤

在诱导之前，一般要对受施者进行暗示感受性测试，目的是测试他对暗示的接受和反应能力。暗示感受性越强，就越容易接受催眠。强烈的反应并不是说你会接受改变你行为的那些暗示，它只是意味着你是一个很好的接受者——一位好的接受者是成功的催眠治疗的第一步。

僵硬手臂练习

确保你处于完全舒适的状态。伸展你的腿和胳膊，现在开始放松。闭上眼睛，深呼吸……呼气……放松。完全放松。放松你的腿，背向下，放松肩。放松你的肩、胳膊、脖子和脸。放松整个身体，就是放松。然后再深呼吸……呼气……释放，放松。注意你呼吸的节奏。随着呼吸的节奏开始涨落，当你吸气时，放松你的呼吸，开始感觉你身体的漂流并淹没在放松过程当中。你周围的声音不再重要，忽略它们，放松。让你全身从头顶到脚趾的每一块肌肉都彻底放松。在你轻轻吸气时，放松。呼气时，释放任何紧张，包括身体的、精神的和思想的紧张。

现在举起你的一只胳膊，伸直。握拳，并且要握紧，拳头握紧，现在你的胳膊变得僵直，变得非常非常僵直。你的胳膊僵直，非常非常僵直。你的整个胳膊从肩膀到拳头都很僵直了。你的胳膊又直又硬，不会弯曲。你试着弯胳膊，胳膊却更僵直。你僵直的胳膊不动，伸直，不能被移动，没有什么能移动你的胳膊，它从肩膀到拳头都完全僵直，完全僵直。你的胳膊完全僵直。现在要从五数到一。当说“五”的时候你开始放松胳膊，你听到每个数时，要越来越放松你的胳膊，当说“一”的时候，你的胳膊要在你的身旁彻底放松。“五”……开始放松胳膊……“四”……感到你的胳膊放松……“三”……放松……“二”……“一”。你的胳膊完全放松了。

你的反应程度说明了你的暗示感受性。如果你的胳膊变得僵直，并在开始数五之前都保持僵直，那么你是一个容易受暗示影响的人。

提桶练习

（重复僵直手臂练习的第一段，进行放松。）在你的面前伸开 2 只胳膊，与肩平齐。想象你每只手都提着 1 个桶，手指卷曲绕在水桶的手柄上，握着 2 个桶。左手的桶是由纸做成的，由纸做的。它是空的，感觉非常轻，左手的桶非常轻、非常轻，因为它是纸做的。左手提着轻的桶。右手的桶是铁做成的，是由很重、很重的铁做成的，桶里面有些石头。当你提着重铁桶时，越来越多的石头被扔进桶里，直到桶被完全填满。桶里完全装满石头，石头堆到了桶顶。桶太重了，把你的右胳膊向下拉。装着石头的桶把你的胳膊向下拉，你的胳膊向下，因为铁桶太重了，太重了。

在这项练习中，你的胳膊会从它在肩膀所处的初始位置移动一定距离。左右手之间的距离越大，你越容易受暗示影响。

手部握紧练习

（重复僵直手臂练习的第一段，进行放松。）在你前面紧握双手，把双手握得很紧，双手握得很紧。在你紧握双手时，想象你的手上沾着非常黏的胶水，胶水开始变干，牢牢的、紧紧的。胶水变干让你的双手粘在一起，你的手紧紧粘在一起。你的手好像不再是两只分开的手了，它们是一只。你的手指和手掌牢牢地、紧紧地粘在了一起，非常牢固、紧密。你试验看看胶水把手粘得有多紧，发现你的手、手掌、手指是被粘在了一起。它们粘在一起。它们如此紧密地粘在一起，好像一只手。它们被非常、非常紧地粘在了一起，感觉像一只手。数 3 下你也不能把手分开。你越用力将手分开，它们就粘得越紧。你每次听到一个数字，它们就粘得更紧。

5. 诱导的过程

开始诱导

深吸一口气，闭上眼睛，开始放松。只想着放松你身体的每一块肌肉……当你将注意力集中到呼吸和内在感觉的时候，对外界环境的感知力将降低。通过深呼吸，你开始意识到内在的感觉，引导你的身体放松。结果是你的脉搏减慢，呼吸减慢。你开始集中，将你的注意力转移到所给你的指示上。

身体的系统放松

开始放松你脸部的肌肉，特别是颌部的肌肉，牙齿分开一点使它放松……当你集中放松身体每块肌肉的时候，你将进一步放松。你将更注意到内部功能，对感觉的感受性增加。

建立深度放松的想象

漂向完全放松的越来越深的境界。感觉到一个很重、很重的东西吊起你的肩膀……漂向越来越深的想象有助于你进入更深的催眠状态。当“重物”吊起你的肩膀时，你肩膀的紧张就释放了。你身体感觉到的任何不同都证明了变化暗示正在发生。

建立轻盈的感觉，要使用下面的想象。你感觉越来越轻，飘浮越来越高，进入放松的舒适状态。诱导中指定的向上或是向下的方向是无关紧要的，只要它能给你带来身体感觉的变化即可。

加深催眠

想象一个美丽的阶梯，共有 10 阶，这 10 个阶梯把你带到一个特别的、平静的、美丽的地方。马上开始从 10 向后数到 1，你想象着从阶梯走下，每走一个阶梯，你感觉身体越来越放松，每下一个阶梯，就更加放松，10，更加放松。9……8……7……6……5……4……3……2……1……更放松，更放松……为了进一步加深催眠状态，数数通常是从10数到1。加深催眠时，从10向后数到1；返回到完全的意识状态时，从1向前数到10。

虽然上面用了阶梯的想象，为了增强你向下的感觉，你可以用任何你喜欢的想象去代替。或许你想用电梯下降10层的想象，如下所示：你在一个电梯里面，感觉到自己开始下降。当你看着楼层数字通过，你看着数字10……现在是9……

这时，你的四肢开始发软或僵直。你的注意力开始集中，你的暗示感受性增强。你也会经历一个强烈的想象力增强的过程。周围环境停滞了。

特别的地点

现在想象你在一个平静的、特别的地点。你可以想象这个特别地点，你甚至能感觉到它。你一个人在那里，你独自一人，没有人打扰你。这是世界上适于你的最平静的地方。

你所选择的特别地点，对于你以及你的经历都应该是独特的。可以是你真实参观的地方或者是你想象的。这个地点不必是真实的。你可以坐在漂浮在平静海面上的一个巨大蓝色枕头上，你也可以在悬挂在太空中的吊床上伸着懒腰，你还可以在云彩中央。你的特别地点必须是你能独处并能对你产生积极感觉的地方。在这个特别地方，你会增强对进一步暗示的接受能力。也就是说，一旦产生了平静的感觉，你会对想象做出反应，这能加深催眠后的暗示。

总结诱导

在特别地点再享受一会儿，然后开始从1数到10，你开始恢复完全意识，好像休息了很长时间而精神振奋。现在开始恢复，1……2…… 上 来 ……3……4……5……6……7……8……9……10。睁开你的眼睛，完全回来，感觉好极了，非常好。

完成诱导，要暗示一种舒适的感觉，避免突然返回，否则会引起睡意或头痛。你应该感觉放松、精神振奋。你可以四处走走，确定完全清醒了，并祝贺自己做得好。

暗示

从学术上讲，暗示是一种信仰或行动的建议，可以没有干扰、没有挑剔地被接受。换句话说，当你被催眠，在放松状态时，比起你在完全清醒时的意识状态，你的潜意识主要对暗示做出反应。暗示经过一个直接的通道到达潜意识，在那里它很容易被相信、改变行为、产生影响。

下面是一些通过使用暗示能够实现的目标：

目标	暗示
加深催眠	放松，随着你的呼吸，让你的精神和身体更加放松
改变情绪	感觉你的胳膊越来越沉……感觉你的愤怒消失……
改变行为	你现在是不抽烟的人了，你不想抽烟……
产生幻想	想象你在一片野生的、绿色的宁静草地上……

暗示主要分为以下几个种类：

1. 按性质划分

失败的人生都是由于消极的暗示造成的。消极的暗示包括给自己胡乱贴标签、一些负面的口头禅、侮辱性的外号及周围人的负面评价等。通常来讲，我们是不提倡使用消极暗示的，但是在确有必要的情况下，例如进行改变行为习惯时，也会使用诸如厌恶疗法等带有强烈负面暗示性信息的技术。

积极的暗示是成功的人生必不可少的元素。人们在成长过程中，总会遇到各种各样的挫折、伤害、哀愁等，这些很容易导致我们消极的思维。因此，能始终保持积极的生活态度的人总是占极少数的。

2. 按来源划分

其实，从根本上而言，一切暗示都是自我暗示，也就是说只有被自我接受才能产生效力。环境暗示又可以分为他人暗示与周围事物暗示。环境暗示的最大好处就是当事人无法对其进行否定，能够或者说只能自然而然地接受。

3. 按方向划分

反向暗示的力量是正向暗示力量的数倍。需要特别注意的是，涉及安全以及情绪方面的正向暗示，实际上是一种隐性的反向暗示。比如“我要睡觉”，睡觉是生理安全性问题，同时有些许的情绪因素。越是暗示自己睡觉，反而越睡不着。

4. 按逻辑性划分

直接暗示是指以说服教育的方式，强迫当事人接受，容易引起当事人的质疑和反抗，这实际上是明示；间接暗示是指借助于某种方式，采取比较隐晦、含蓄的手段，在不知不觉中改变当事人的思维和行为，这也是真正意义上的暗示。

5. 按受暗示者的状态划分

清醒暗示：指人们在意识状态很清醒的情况下接受外界或他人的情绪、愿望、观念、判断、态度等的影响，暗示受催眠者可以进入催眠状态。例如，在催眠前使用的："相信自己的能力，相信自己将会成功地进入一个无比放松、无比舒适的状态。"

催眠中暗示：指在不同程度的催眠状态下，催眠师给予受催眠者相应的暗示，让受催眠者的心理、生理和行为产生变化。利用这类暗示深化受催眠者的催眠状态。例如，在催眠过程中使用的："好，现在请你慢慢地放下你的手臂，你的手臂每下降一点，你都会感觉更加放松，更加舒适，直到你的手臂完全放下，你就会进入前所未有的放松状态，这个时候你就会感觉全身都很轻松……"

催眠后暗示：指在催眠过程中，催眠操作者给予的那些让受催眠者在催眠唤醒后、意识清醒状态下发生影响的暗示。例如，"好，现在慢慢地告别……暂时告别这片绿色的草地，当你想要回来时，你随时都可以回来……"和"在下一次的催眠中，你会更深地进入放松状态……"就是催眠后暗示，前者可以使受催眠者在生活中很快地放松下来，而后者则能够使受催眠者在下一次的治疗中更容易进入催眠状态，取得更好的催眠效果。

6. 按照暗示的功能划分

现实指令暗示：按照现实状况，直接指示受催眠者该怎样做或者做什么。例如在催眠中所使用的："把你的手松开时，你就会感觉到全身的肌肉在随之放松……你会感觉到全身的肌肉在随之放松……”

意念动作性暗示：暗示受催眠者集中注意力默想一个动作，由此引发出现实外的动作。例如：“集中注意力，想象你的手臂在不断地向下沉……向下沉……向下沉……”

反应抑制性暗示：使用某种暗示使受催眠者对后面的一些指令不能做出反应。例如：“当我数到1的时候，你会发现你的左手臂想举也举不起来了，你会发现你的左手臂想举也举不起来了……试着举一下你的左手臂，你会发现你的左手臂想举也举不起来了……”

认知歪曲性暗示：让受催眠者对现实的认知发生歪曲，并将这些弯曲的认知当作现实。例如：“接下来我会请你从1数到109，但是我已经拿掉了数字5，所以你唯一的数法是1，2，3，4，6，7，8，9，10……”暗示受催眠者没有了5，结果受催眠者在数数字时就没有数5，这是一种较高层次的暗示，通常暗示性不高的人不会对此做出反应。

以上是常见的催眠暗示分类法。其实催眠中暗示的运用，并不像人们认为的那样简单，暗示语言种类的选择以及层次性编排都是经过仔细推敲的。一般人会认为，可以借助催眠状态下当事人潜意识开放，信息的接受能力大大加强，采取直接而积极的暗示，实际上并非如此。

在催眠过程中，催眠师会根据实际需要，采取数种暗示的交集，以获得最佳的暗示组织模式，从而取得最高、最强的暗示效果。

唤醒

一旦催眠师做出了治疗暗示，达成了催眠目的，最后的任务就是将主体带出恍惚，回到正常意识。传统方法是，催眠师告诉受催眠者他会在某个时刻打一下响指，将受催眠者带离恍惚引入清醒状态。这种表演气息浓厚的技巧现在仍然被一些舞台催眠师采用，因为它显得更加戏剧化。不过很多催眠治疗师认为这种方法太突然了。我们都有过类似体验——白日梦或睡眠突然被打断会使我们受到惊吓。一种更为常用的方法是，催眠师告诉受催眠者他要慢慢地从 10 往前倒数，他一边数，受催眠者一边感到自己正慢慢地脱离恍惚状态，等到催眠师数到最后的时候，受催眠者就已经完全清醒了。一些催眠师把这一过程变得更加温柔，他们告诉受催眠者会自然而然地进入清醒状态，其目的在于尽可能地使这一过程平稳自然。有时如果有背景音乐，催眠师可以引导受催眠者在音乐停止时从恍惚中醒来。

接受催眠的人在疗程过后能够记起催眠过程，除非在恍惚中接受了遗忘暗示。他们经常会在催眠过后感到放松或者感觉很健康，但却没有其他任何具体迹象告诉他们“被催眠”过。他们有时会感觉自己“昏睡”了几个小时，而不是只有几分钟，这是因为催眠可以影响我们的时间感。有些人会感到精神振作，就好像是刚刚很香甜地睡了一大觉——许多人都说自己在催眠过后睡眠质量大大提高。不过也有一些人坚持认为自己从来没有进入过恍惚状态，即使催眠师告知他们确实被催眠过。

人们的反应会各种各样。催眠学家指出，恍惚诱导是一种没有任何副作用的完全自然的过程，但是，受催眠者最好是在疗程结束、面对外界的喧嚣之前小憩几分钟，就好比是从深度睡眠中醒来要休息片刻一样。

正确看待舞台催眠表演

舞台催眠的娱乐性

很多人对催眠的认识完全来自于娱乐业，即舞台催眠。在18世纪梅斯默时代，催眠表演师就已存在，且享有很高的声望。当代的舞台催眠师有的带着舞台作品四处巡游或出现在集市中，有的还在电视中频频亮相。

对大多数人来说，对催眠的直接认识也是来自演艺者。他们本身就是很有天分的催眠师，他们的表演是一个精彩纷呈、引人入胜的舞台催眠世界。的确，在催眠史上，正是美国和欧洲的舞台催眠使这项技术存活下来，但是，舞台表演也会出差错并导致问题产生。一些催眠治疗师认为，虽然很多舞台催眠师颇有造诣，但给催眠学带来了不好的名声。因此，一定要正确看待舞台催眠表演。

舞台催眠与催眠研究和催眠治疗到底有什么不同？本质上它们没有太大差别，舞台催眠师也是先诱导观众进入催眠恍惚状态，绕过意识头脑而对无意识心理施加暗示作用的。而两者最主要的区别当然在于，出现在舞台或电视上的催眠节目纯粹以娱乐为目的，而非治疗，所以舞台催眠师给观众施加的暗示往往和临床催眠师所用的暗示大不相同。参与舞台表演的志愿者可能会被要求学鸭子蹒跚或嘎嘎叫、学鸟儿拍翅膀、跳芭蕾舞、遭遇外星人，或拍想象中的苍蝇。在催眠治疗中，很少会用到这些被舞台催眠师所用的暗示。

另一个重要的区别是催眠导入的速度和催眠深度。在催眠治疗时，催眠师往往需要用较长的时间为病人进行催眠导入。比起其他人来说，有些个体可能更不容易接受催眠，因此催眠医师需要为具体的客户选择最合适的催眠导入方式。此外，催眠医师相当多的治疗工作常常是在相对轻度的催眠中进行的。

相反，舞台催眠师必须快速地进行催眠导入，时间过长、催眠导入过慢会让观众觉得枯燥乏味。同样，舞台表演者为了达到让催眠对象遗忘的效果，通常会让其进入深度的催眠状态，所以只能选择那些催眠接受性好的观众参与节目。

这也是为什么舞台催眠师从准备活动一开始就必须对观众进行仔细观察和检验的原因。他们要看哪位观众对催眠的接受度最高，并做些暗示性试验看哪位做出的反应最好。比如，催眠师会让观众闭上眼睛，想象有一只胳膊上系着氢气球。催眠师还会暗示他们的胳膊正变得越来越轻，并在不受意识控制下开始上浮，如果某位观众的胳膊在测试中有移动，他就有可能是催眠的合适人选。表演者也会看谁愿意主动成为催眠的对象。比起那些对催眠抱有怀疑态度或根本无动于衷的人来说，这些积极性强的观众更加适合做舞台催眠的对象。

需要选择最合适的观众是舞台催眠师为什么在表演时选择人数大大超过表演实际所需的原因，这样他可以在台上淘汰那些实际不容易进行深度催眠的观众。由于舞台催眠师在选择合适的催眠对象方面都受过很好的训练，催眠失败这种情况通常不会发生。

不要以为舞台催眠师挑选催眠对象是一种欺骗。舞台催眠本质上是一种娱乐活动，观众掏钱是为了看催眠师轻松地将人催眠，并提供娱乐表演，而不是看催眠师花去过多的演出时间来诱导对催眠接受性差的人。所以，应该把挑选恰当的催眠对象当作表演者的一项职业技巧。

同时，这种选择也回答了舞台催眠的一个重要问题——催眠能让人做违背其意愿和观念或平常行为之外的事情吗？这不能一概而论，但催眠师认为在多数情况下，不可能让人们做他们不情愿做的事情。因此，如果观众在舞台催眠中渴望参与，说明他们已经乐意接受催眠。但是，一般人们是不会像小鸡一样在舞台上又跑又叫的。

舞台催眠师

尽管用途和目的截然不同，优秀的舞台催眠师在催眠诱导和暗示技巧方面，绝不比催眠医师逊色。在舞台催眠早期，的确有冒牌的舞台催眠师哄骗观众相信他们有催眠的本领，而参加表演的“志愿者”都是催眠师的同伙。在当代，这种事情是很少发生的，具有真才实学的催眠师在不断地涌现。技巧十分娴熟的催眠师能在很短的时间内让个体进入深度催眠，并快捷有效地对其施加暗示。此外，有很多舞台催眠师曾经做过催眠医师，有的后来转变成了催眠医师，还有的同时担任这两个角色，因此，舞台催眠与催眠医疗之间其实并非像表面看上去那样迥然不同。

但是，舞台催眠师这一职业也需要一些特殊的才华和气质。

首先，舞台催眠师必须善于舞台表演，是优秀的演艺者，并热爱表演。其次，他们得有支配性人格，或至少在表演过程中能掌握局面。在催眠治疗中，催眠医师和病人需要互相配合，但是在舞台上，催眠师必须要驾驭各环节的进程。因此，那种委婉、单向、缓慢地对个体进行诱导的暗示决不能使用。舞台催眠师选用的暗示必须直接并让人觉得难以违抗。

同样，表演的气氛也很重要。舞台催眠师应该能创造群体气氛并激发观众对节目的好奇心，这样才能使参加表演的观众拥有正确的心态，感觉自己的确在参与表演。

催眠表演的技巧

舞台催眠师的时间比较紧迫，他们必须对参与观众进行快速催眠诱导，以免观众感到表演乏味。因此，舞台催眠师往往会从观众中选择那些能对直接指令做出反应并容易接受催眠的个体。常用的一种方法是让一群观众自愿登上舞台，让他们松弛下来之后，再暗示他们的眼睑变得越来越重，眼睛难以睁开。对这些简单的诱导反应比较好的那些人就被留在舞台上，而其他人则回到观众席。强烈的舞台感染力能很快让观众感觉舞台催眠师已完全掌握了舞台表演。舞台催眠师也常给观众一种假象——自己运用了魔力将人催眠并用暗示控制他，而这也能使参加者更主动地配合催眠诱导，马上进入深度催眠状态。这些都是舞台催眠的要素。比如，有些催眠师在舞台上会利用“手部感应”，似乎告诉观众他在用自己的双手向受催眠者传递能量。这种梅斯默时期的做法虽然已经过时，但却增添了表演的戏剧性。运用舞台技术也是一个关键的因素——表演一开始就必须营造恰当的氛围：完美地融合灯光、音乐和戏剧感等因素。

来观看舞台催眠的人大都认为，舞台催眠是一种无害的、可以给人乐趣的消遣方式，但是，很多从事催眠治疗的专业人士却对这种消遣很不放心。批评者认为这种表演使催眠变得哗众取宠，公众对催眠产生了歪曲的理解，未能将催眠的各种益处告诉人们，因而毁坏了催眠的名声。刚接触催眠治疗的人常常问催眠医师这样的问题：医生是不是会让他做舞台上的那些无聊的动作，比如学鸭子走、像鸡一样咯咯地叫。因此，批评者说舞台催眠对催眠的扭曲可能会让那些准备接受催眠治疗的人望而却步。

然而，舞台催眠师的观点却针锋相对，他们称催眠表演对人不存在任何害处。他们说，舞台催眠表演让人们了解了催眠的潜在影响力，从而能使他们更容易相信催眠在治疗方面的用途。无论孰是孰非，舞台催眠与催眠医疗已经共处了数十年，估计这种对立的关系还会延续很久。

舞台催眠是否有害

批评者所提出的最重要的问题是舞台催眠是否对观众具有潜在的危害。首先是对身体的危害。有轶闻曾报道过，参加舞台催眠的人因在催眠状态下做个别异常的举动而擦破甚至扭断四肢。甚至还有报道说，有人因舞台催眠师暗示他是芭蕾舞演员而做了“劈叉”，结果痛苦不堪。

在英国，一位年轻女士在舞台催眠中因为要去洗手间而从舞台边上跳了下去，结果摔断了腿。这位女士从 4 英尺（1 英尺 = 0.3048 米）高处掉下，腿部两处骨折，石膏打了 7 个月。在经法院外调解之后，她得到了 3 万美元的赔偿。另外，有个年轻男子因在舞台催眠中把洋葱当作苹果吃下之后，开始吃洋葱上瘾，每天吃掉 6 个洋葱。经过了好几个月他才戒掉了自己的“洋葱瘾”。

批评者认为，舞台催眠除了对肢体的潜在危害，还有更让人担忧的其他危害——对心理的潜在危害。他们觉得催眠表演师过分关注娱乐效果，因而不能保证受催眠者是否能应对被催眠后的经历，或是否能从中慢慢恢复过来。当催眠对象在催眠状态下出现紧张，或其生活中曾被遗忘的痛苦经历被唤醒时，就会带来麻烦。2001 年，英国的一场意义重大的法律诉讼就是由此引发的。一个名为琳·豪沃思的女士把一位舞台催眠师告上了法庭。豪沃思来自于英格兰西北部的玻尔通镇，在舞台催眠师菲尔·代蒙（真名为菲利普·格林）的一次催眠秀中被催眠。在表演的过程中，这位女士回溯到自己的童年，并回忆起自己曾经被虐待的经历。豪沃思说此后因为这种经历，她一度患有抑郁症和自杀癖，并因此两次将车开向大树企图自杀。法院判给她的赔偿价值约 1 万美元。早在 1989 年，英国政府就颁布了相关的职业原则，规定舞台催眠师决不能使用年龄倒退法。菲尔·代蒙也声称自己遵守了职业原则，并没有使用年龄倒退法，但是法官却坚持是他的不当暗示使豪沃思回溯到自己的童年。

1998 年，有一桩案例将电视催眠大师保罗·麦肯那也牵扯了进去。这位催眠大师不仅在英国享有盛誉，在美国也非常出名。一位从事家具抛光业、名叫克里斯多夫·盖茨的男子在参加了麦肯那的一场表演后患上了精神分裂症，因此将这位催眠大师告上了法院。在催眠表演中，盖茨被暗示自己能学摇滚巨星迈克尔·杰克逊做太空漫步、能学外星人讲话，并能通过一副特殊的眼镜透视别人的身体。而在演出之后，他被送至医院住了 9 天。

1993 年，莎隆·塔芭恩的官司应该是有关舞台催眠方面影响力最大的案例。那年，在参加完英格兰西北部兰开夏郡一家酒馆的催眠表演之后 5 小时，24 岁的塔芭恩死亡。催眠师不知道她对电有恐惧症，在这场表演中暗示她将会经历 1 万伏高压电击，而塔芭恩在表演结束 5 小时后因呕吐造成窒息而死。当地的死亡调查判定塔芭恩女士自然死亡，而窒息很可能是由癫痫发作所致。法院后来裁决，尽管不能排除催眠引发其死亡的可能性，但却没有充分的证据推翻自然死亡的鉴定。

这场灾难的直接影响是促使英国政府对舞台催眠进行了重新审查，塔芭恩女士的母亲玛格丽特·哈珀则成立了“反对舞台催眠”组织。然而，政府组织的专家小组最终还是认为没有证据表明舞台催眠对参加者存在严重危害，且相比其他很多活动来说，舞台催眠的危害要小很多。

1997 年，来自宾夕法尼亚州利哈伊顿市的舞台催眠师威廉·尼尔在一场演出后被告上法庭。一名叫尼科尔·亨德森的女士说尼尔在主题为《惊人的尼尔》的表演中，被催眠的男生造成她的脸部受伤。她说，这个男生是在听到尼尔暗示“对你旁边的人做一件平常从未想到过的事情”之后转过身来，重击了她的脸，并造成她左眼下部开裂。亨德森要求尼尔支付 4 万美元的赔偿金。但是，尼尔的律师安东尼·罗伯蒂对事实却有不同的理解，他说：“他们正准备离开舞台，就在这个时候，男生的胳膊不小心撞上了这位女生的脸部。这纯粹是场意外。”他解释说，对于这场意外尼尔没有办法控制，所以也不应对此负责。

之后，这场官司在法院外得以解决，赔偿金额是多少没有被透露，也没有任何人承担事故的责任。罗伯蒂说这场官司打得很荒谬，本来就不应该有官司。在法院里大家不停地争论舞台催眠的后果，有些批评者强烈要求严格控制舞台催眠，甚至干脆取缔这种活动。但表演者指出，只要催眠师遵守有关观众的安全和健康方面的职业准则，就根本不需要担心会发生不良后果。根据该准则，催眠表演师必须尊重其催眠对象，并保证在催眠表演结束时取消对其所施加的催眠后暗示。

舞台催眠的过去和现在

美国催眠师麦吉尔所提供的数据表明，在 19 世纪末，正是舞台催眠才使得催眠术没有被公众完全忘记。在那个年代，弗洛伊德的心理分析一统心理学的天下，科学领域对催眠学非常轻视。麦吉尔的理论表明，多亏了那时受到广泛欢迎的众多舞台催眠师，催眠学才不至于被完全埋没。

自从 18 世纪末梅斯默催眠术盛行以来，舞台催眠和催眠的学术研究就一直在并行发展。在精心设计的舞台上，催眠师为了吸引愿意付费接受催眠治疗的病人，常常不但做表演，而且还发表演讲。当梅斯默催眠术风行西方国家的时候，催眠成了一种流行的室内活动。催眠严肃的治疗用途和催眠的表演娱乐之间的界限有时会比较模糊，同样，名副其实的催眠师和那些诱骗观众的江湖人士有时也难以区分。

催眠学最重要的一位先驱——詹姆士·布莱德医生居然是从法国拉封丹纳的表演中获得了启发。这位苏格兰医生在看了法国人的表演之后称自己并不觉得怎么样，其实却对催眠术产生了强烈的好奇心。后来，布莱德医生成为最早使用“催眠”这个词的人。

在 19 世纪三四十年代，人们对梅斯默催眠术的兴趣高涨，并很快将其应用于舞台表演。

早期的舞台催眠并非对人体绝对无害。据一个 1894 年的案例报道，有一位叫弗朗兹·诺伊柯姆的欧洲催眠师照看过一位名叫艾拉·萨拉蒙的年轻女孩。他曾治愈这位女孩的神经障碍，但是与其他很多催眠师一样，诺伊柯姆不仅从事催眠治疗还做催眠表演。在催眠表演中，他将艾拉用作自己催眠表演的媒介。通常情况下，观众中会有某个有心理疾病的人主动到舞台上来，而诺伊柯姆则会将女孩催眠并让她移情于参加催眠的人，以找到舞台上病人的心理问题。这种被称为“通灵术”的技术在当时非常普遍。在一次表演中，诺伊柯姆对施加给艾拉的暗示稍微做了改变，他告诉艾拉她的灵魂将离开她的身体进入病人的身体中。暗示了两次，艾拉都出其不意地对催眠师新的暗示产生了抵抗，这使诺伊柯姆感到恼火。于是，他让这个女孩进入更深的催眠层次，再一次下达指令让她的灵魂离开身体。就在表演还未结束时，艾拉失去了生命。验尸结果验证艾拉死于心力衰竭，而这很可能是由催眠暗示导致的，诺伊柯姆因而被指控犯了杀人罪并被判刑。

在美国，舞台催眠的兴盛开始于 19 世纪 90 年代，那时的催眠表演师有赫伯特·弗林特等。在 20 世纪相当长的一段时期里，1913 年出生于帕洛阿图市的麦吉尔曾占据舞台催眠领域最辉煌的位置，被称为美国舞台催眠泰斗。与其他舞台催眠师一样，他起先只对舞台催眠的神奇感兴趣，之后才开始专注于催眠研究。麦吉尔的著作包括享有盛名的《舞台催眠百科全书》。在他的职业生涯中，他把催眠的舞台表演、学术研究以及临床治疗结合到一起。同时，他也是首先使用电视这一新媒介的舞台催眠师，他的工作激发了全世界很多当代舞台催眠师的灵感。

今日的舞台催眠师

今天，在全世界各地有成千上万名舞台催眠师，其中最成功的一部分经常作为嘉宾或者表演者频频出现在电视节目中。比如，在《杰—雷诺晚间秀》和《大卫深夜秀》两个电视节目中就常见到美国著名的催眠师兼喜剧演员吉姆·旺德（心理学博士）的身影。今天，催眠表演师有非常广泛的表演场所，在集市、毕业典礼、宴会、会议活动、私人派对以及旅游客轮上，都能看到他们的表演。

他们的表演风格迥异、内容纷呈，但“幽默”是大多数表演的主题。舞台催眠师经常说自愿参与节目的观众才是表演真正的主角，正是观众的参与赋予了各场催眠表演引人入胜的独特性和互动性。舞台催眠的批评者说，一些参与者可能会感到尴尬和羞辱。但事实上，多数有经验的催眠师都想方设法不让观众感到尴尬，并在表演前就告诉观众将会发生什么。

表演者不同，暗示的组合也会不同。每个舞台催眠师都有自己独特的暗示，所以他们表演的套路也是八仙过海，各显神通，但表演的基本模式却比较相似：把志愿者叫上台，对其进行催眠诱导，对其进行不同的暗示以及催眠后暗示。唯一可能会限制暗示内容的是催眠师的想象力。

女催眠师

尽管舞台催眠这个行业基本上被男性主宰，但是女催眠师的数量也在不断地增加，其中包括来自圣地亚哥的克里丝汀·米歇尔。作为自成一格的女性舞台催眠师，她的表演生涯起步于拉斯维加斯。她的特点是能让参加催眠的观众认为自己是火星来客，能让男士以为自己是超级名模。与其他许多舞台催眠师一样，米歇尔起初曾接受过催眠临床治疗方面的职业训练。最著名的女性舞台催眠师先驱非莫琼·布兰登和帕特·考林斯莫属。前者被认为是最早的女舞台催眠师，她的名望在 20 世纪 50 年代达到最高峰；后者是才华横溢、极具魅力的表演者，当催眠术治愈了自己的癔症麻痹后，她对催眠产生了兴趣，从而在 20 世纪 60 年代开始了自己的舞台催眠事业。

对催眠术的一些疑问

催眠是不是“让人睡觉”

由于种种原因，很多人对催眠都存在着不同程度的误解和疑问。没有接受过催眠的人都很想搞清楚催眠是不是让人睡觉，“催眠”一词是否存在着消极的含义。大家也都想知道催眠是否有害，是不是一种大脑的控制，被催眠后的感受怎样，催眠以后的状态和平时有什么区别，等等。

在关于催眠术的诸多疑问中，第一个当是催眠是不是“让人睡觉”。很多人一提到催眠通常就会望文生义，催眠，催眠，不就是催人入眠、催人睡眠吗？其实，这不仅在普通大众眼里经常有人这么想，就连医学界、心理学界也常有人这么认为。一些受催眠者在经过催眠治疗过后，会对催眠师说："您催眠的时候，我并没有睡着啊，您说的每一句话我都能听到，周围人说的话我也能听得到……"那么，催眠到底是不是让人睡觉呢？如果是的话为什么还会有这种清醒的状况呢？如果不是那为什么醒来以后会如此轻松自在呢？

其实，催眠和睡眠完全是两回事，睡眠是人对整个环境和自身知觉的一种高度抑制，而在催眠状态下，受催眠者对于周围的反应则是被抑制的部分抑制得更深，而被唤起注意的部分比平时还要注意力集中。事实上，在催眠状态下，受催眠者甚至比平时更清醒，更不用说比睡觉时候了！睡觉的时候人的大脑处于休眠的状态，中途还会做梦，而催眠的时候就不会有这种情况发生。

那么催眠和睡眠到底有哪些区别呢？

（1）催眠和睡觉的性质是不同的，催眠是一种技术，目的是要对受催眠者进行催眠治疗，而睡眠并没有这种目的，睡眠只是一种单纯休养生息。

（2）催眠属于心理和生理的范畴，而睡眠则属于生理的范畴，是生命活动所必需的。催眠可以消除精神上的痛苦，可以促进、帮助人类机体的健康发展，并通过调动、发挥人的自我调节机能来实现全部身心的良好发展；而睡眠主要是使精力和体力得到休息与恢复，以便于接下来更好地工作与学习。

（3）处于催眠状态中的受催眠者，虽然大脑皮层的大部分区域已经被抑制，但是皮层上仍有一点是高度兴奋的，反应非常灵敏，对于催眠师的问题也会做出相应回答，而处于普通睡眠状态的人，意识活动则是完全停止的，对外界毫不自知，更不可能配合别人回答问题。

（4）虽然人在催眠状态下也是在休息，但是休息的深度和质量要高于一般的睡眠，有时只是被催眠了十多分钟，但是受催眠者感觉好像睡了很久，身心得到彻底的放松，达到了自然的状态，这是普通的睡眠无法比的。

（5）处于催眠状态中的受催眠者，有时在催眠师的暗示下，其肌肉可以僵直得像一块钢板。而处于普通睡眠状态中的人，一般肌肉都是处于松弛状态，没有特别的影响和刺激是不会有较强烈的反应的。

（6）处于催眠状态中的受催眠者，经过催眠师的暗示会做出某些动作和行为，比如痛哭、大笑、呕吐、出汗等，而在睡眠状态下的人则远远没有如此丰富的活动，他们只会在梦中才能感受到。

（7）处于催眠状态中的受催眠者，在没有收到催眠师的苏醒暗示之前，即使是睁开眼睛，也仍然是在催眠状态之中。而处于睡眠状态中的人，眼睛一旦睁开，便立即恢复到清醒的状态，不需要任何暗示便回到现实生活中来。

从以上 7 点完全可以看出，催眠和睡眠完全就是两回事。

受催眠者会不会做出违背自己意愿的事

有人不愿意接受催眠的原因是对催眠存在很大的恐惧感，他们担心自己在被催眠的过程中受到控制、失去理智而把一些隐私暴露出来、当众出丑或者做出一些违背自己意愿的事情。例如有一些人担心自己会在催眠时完全听任催眠师的摆布，甚至泄露自己的银行卡密码。还有一些人，他们对催眠抱有一种不切实际的幻想，期望得到某些不可能的结果，其实这些想法都是不正确的，而且是没有科学根据的。

绝大多数的催眠学家认为，人在催眠中是无法被迫违背自己的信仰和道德观说话或做事的。催眠学家指出这样一个事实：只有你想要达到某种无意识行为的变化时，你才能达到这种变化。比如说，如果你并不是真的想要戒烟的话，那么，几次催眠治疗都不太可能使你将烟戒掉。

其实，每个人的内在都有一个极其重要的机制——自我保护机制，所以，在被催眠的过程中，受催眠者是不会做出违背自己意愿的事情，这一点人们完全不需要担心。

即使舞台催眠师想要使一些观众进入深度催眠状态，并让他们做出一些诸如学鸡叫等不正常举动，也是因为受催眠者事实上已经认可了催眠师，在潜意识里接受了催眠师的这一安排，而且在完成催眠后，受催眠者一般会有愉快的感觉，不会因为这些举动有所焦虑或者烦恼。

但是，在此必须要说明的是，一些催眠学家认为，这个问题要比看上去复杂得多。他们认为，通过对暗示进行重组再构，就可以使其看起来与主体的意愿相一致，就可以使这个人做出一些在正常状态下不会做的举动。鉴于催眠从业人员良莠不齐，接受催眠的人也需要注重催眠师的道德品质与专业素养，确保到正规合格的机构去治疗。

在每个人的潜意识中都有一个坚守不移的任务，那就是保护自己。这个自我保护机制使人们不会因外界的引导和刺激而做出潜意识里并不认同的事情。即使是在催眠状态中，人的潜意识也会像一个忠诚的卫士一样异常坚决地保护着自己。所以，人们根本不用担心会做出违背自己意愿或者说出格的事情。

被催眠以后，受催眠者的感受如何

多数人理解的催眠就是把受催眠者引导进一个失去自我意识，一切思维、动作、行为都受制于人的特殊心理状态。那么，那些受催眠者被催眠以后的感受到底是怎样的呢？为什么会有这些感受呢？在与催眠师沟通的过程中，受催眠者生理上会发生怎样的变化呢？

在一些电视节目中，曾经有人当场演示过“催眠人桥”：将自愿体验催眠的观众导入催眠状态之后，把他们的身体置于两个椅子之间，腹部是悬空的，然后，让一个体重一百多斤的人站在受催眠者的腹部。演示完毕之后，场内的观众询问了受催眠者被催眠之后的感觉。有的受催眠者表示，在整个过程中自己是非常清醒的，可以很清楚地听到指令，也清楚地知道自己在干什么；有的受催眠者则觉得整个过程模模糊糊，感觉腹部所承受的重量像是一本书或一根铅笔、一个气球的重量；还有受催眠者说腹部所承受的是一个热乎乎的熨斗。不同的人因受催眠的程度不同，得到的感受也不同。

总的说来，所有的受催眠者都感到自己腹部上面一百多斤的重量变轻了。在“催眠人桥”的演示当中，受催眠者的注意力被完全集中在全身肌肉的收缩上，整个人变得像一块钢板一样，从而使得腰部肌肉的巨大力量被唤醒，变得无比坚硬。在整个过程中，由于受催眠者并没有失去意识，所以，他能够知道所发生的一切，也同样能记住当时生理上的感觉。

被催眠后会有这样的感受是因为大脑中控制我们行为和感受的部分“意识”在起着作用，我们的意识负责思考、判断、发出命令，同时也要接收信息、体验感受。而我们的“潜意识”则在时刻保护着我们的安全，让我们能够知冷知热、知痛知痒。例如，当我们的手被火烫到后就会立即缩回去，然后，有人可能会惊叫一声，而整个缩手的动作或许还不到一秒钟的工夫，却牵动了指端、臂部一百多块肌肉的连锁反应，这就是潜意识的作用。而意识则是这一系列动作之后的一种痛的感觉，因为，很少有人会在被烫伤之后缩手，他们通常是感觉很烫就会及时缩手。

在日常生活中，我们本身的潜意识能量是很容易被忽略的。其实，潜意识的能量是非常巨大的。虽然人们只有在特殊的条件下才能感受到潜意识的巨大力量，但是通过催眠，让意识的范围缩小集中在一个非常非常小的点上，却可以将潜意识的力量爆发出来。这也正是人们本身的一股力量，催眠术在这个时候起到一个唤醒潜意识的作用。

催眠就是催眠师与受催眠者的潜意识沟通的过程。随着受催眠者潜意识作用的上升，意识的作用就会越来越弱，这便是催眠的深化。心理学家一般是将催眠分为 3 个阶段：浅催眠、中度催眠与深度催眠。

在浅催眠状态下，人的感觉变化并不是很明显，主要体现在精神愉悦、身体慵懒而不想动，但是其意识仍然是比较清醒的，能够清楚地知道周围发生的一切事情。因此，很多进入浅催眠的受催眠者都不承认自己进入了催眠状态。但是，如果催眠师下达观念运动指令或者引导出肌肉强直的现象，受催眠者就会不得不承认他确实是进入了催眠状态。等到浅催眠被解除之后，受催眠者的意识清醒，完全知道自己的行为，并且会感到非常的轻松和舒适。浅催眠是人们最容易进入的一个阶段。

进入中度催眠后，感觉是相对比较多的，例如：人体温度的变化很明显、痛觉消失以及无法完全知晓周围发生的事情。在中度催眠结束之后，当事人只能回忆起某些片段，而且醒来之后，他会感觉仿佛是畅快淋漓地大睡了一场，非常放松、舒适。中度催眠被解除之后，受催眠者能保留部分的记忆，但是内容更接近于催眠指令而非真实情况。中度催眠后，被催眠者与催眠师之间也会保持着良好的沟通和互动，不过潜意识却变得异常活跃和敏感。

进入深度催眠状态后，除了催眠师的声音之外，受催眠者的其他感觉几乎全部消失了。受催眠者身心放松，对于催眠指令反应良好，但是受催眠者的意识是不清醒的，甚至不知道当时四周的状况，沉浸在非常主观的个人世界里。当结束催眠时，受催眠者很可能无法记得催眠中发生过的那些事情。有的受催眠者记忆、人格都会发生改变，有的则是反映自己像是进入了另外一个世界一样，这些和被催眠者的受暗示性程度的高低有着一定的联系。

在进行一般的心理治疗时，深度催眠状态并不重要。心理治疗重在当事人对过往经验的重新诠释。而人生经验的诠释，需要清醒的意识来参与，所以，中度催眠是最合适的。在国外，人们除了可以在心理医疗机构接受、感受催眠，还可以看到催眠师在舞台上表演的“催眠秀”。国内的催眠发展得比较晚，催眠秀的节目也比较少，无论治疗还是表演都还不够成熟，因此，在选择时一定要慎重。除此之外，对于催眠过度恐惧和紧张的人，或是不愿意了解尝试和深层沟通的人，也不要轻易去体验催眠。

接受催眠术是不是有害

生活中，几乎所有的催眠师都会宣称催眠很安全，只会带来好的效果，不会有害于人们的身体，但是还是有不少人认为接受催眠术是有害健康的。人们之所以对催眠术有很多的误解，原因就是没有真正深入了解催眠术。有些人认为催眠是一种病态的心理现象，人在处于催眠状态中时，会出现许多他们认为的不良现象，包括大脑皮层会受到严重的损伤、意志丧失、智商降低等。甚至有些人认为，被催眠后就像酒精中毒一样，会导致受催眠者精神失常。那么，接受催眠术是否真的有害呢？简单的麻痹对人的身体有副作用吗？

其实，认为接受催眠有害的人可能是看到了正在接受催眠的人。处于中度或深度催眠状态中的受催眠者，绝大部分都是目光呆滞无神，面部也毫无表情，无条件地接受催眠师的一切指令。受催眠者哪怕是见到自己的父母、配偶、子女、好友等，也都全然不认识。其实，这只是在催眠状态中大脑皮层大部分的区域被暂时抑制了而已，在经过暗示之后就会逐渐清醒过来，也会慢慢恢复到正常状态。

虽然在催眠施术之后，一些受催眠者有种种过于被动或是烦躁、发狂甚至是精神失常的表现。但是，这样的事情极少发生。

那么，造成这种表现的原因是什么呢？是催眠术本身固有的缺陷，还是由于催眠师施术不当呢？经过研究发现，答案是后者。所以专家、学者都一直强调人们要找正规的催眠机构进行治疗，只要催眠师规范操作，就不会有这种情况发生。

其实，那些不利的表现不仅可能在催眠施术中出现，在其他心理疗法中也可能出现。在绝大多数情况下，催眠可以使人的身心机能得到有效的休息和恢复，并通过调动、发挥人的自我调节机能来促进、帮助人类机体的健康发展，以及实现全部身心的良好发展。另一面，专家还需要对受催眠者的一些不良或不正常的反应做深入的分析。由于在清醒的意识中，许多欲求、本能和压抑都被深深地隐匿于潜意识中，它们的确客观存在着，但是又不为他人和自己知晓。在催眠状态下，它们被彻底地释放出来，毫无保留地展现在自己面前。这并不是一件坏事，充分发泄出来只会有益于身体和心理健康。某些缺乏专业知识的人，误以为那些表现不是受催眠者所固有的，而是由于催眠所造成的，所以对催眠术产生误解，并由此开始恐惧催眠。

还有一些人看到，在催眠施术结束之后，某些受催眠者出现了紧张、头痛、恶心、焦躁、抑郁或者是难以苏醒等现象。他们认为些现象也是催眠术本身造成的。事实上，造成这些不良现象的原因并不是催眠术本身，而是催眠师的技术。也就是说，催眠师没有能够按照催眠施术的科学程序进行，因此导致催眠术的失败。所以专家和学者一直在强调催眠治疗和训练催眠内容时，应该由接受过专业训练并有实践经验的催眠师实施催眠。

造成催眠师失败的原因主要是以下几点：

催眠师解除催眠的程序不够完全、完整。也就是说，在受催眠者醒来之前的准备工作没有做好，具体说来，就是催眠师没有下达或没有反复强调受催眠者在醒来以后会忘记在催眠过程中的全部经历，以及醒来之后会感到精神特别愉快、振奋，情绪状态极佳等暗示指令，导致受催眠者醒来后会有轻微的精神萎靡和头疼现象。

需要受催眠者在自愿的情况下接受催眠治疗，而不是在被强迫、出于无奈的情况下才接受催眠治疗。受催眠者的不安与抵抗在很大程度上影响着催眠的效果，如果对催眠师的暗示指令进行抵触或者拒绝的话，就会在催眠治疗之后造成不适应的感觉。需要催眠师特别注意的是，最好要在受催眠者欣然同意的情况下再对其施术，只有双方有了良好的沟通，相互信任，才能达到催眠的最佳效果。

由于受催眠者的个体差异，所以有一些受催眠者的身心不是一个十分协调的系统。有的时候，心理在催眠的时候恢复了，但是生理上没有同步恢复，落实到催眠施术中来说，就是没有跟上步伐，所以才会出现了不安、不舒适、不愉快等感受。这种情况在受催眠者接受了深度催眠之后是最容易发生的。其实，要解决这一问题并非难事，只要催眠师能够意识到这一现象的存在，多进行几次生理状态暗示就可以完全恢复。这样一来，受催眠者也会及时调整心理，苏醒后不适的感觉就可以得到圆满解决。

在催眠过程中，处理方法不当。比如，没有根据受催眠者本身的特点来进行催眠，针对具有内向、退缩、羞怯等人格特征的受催眠者，催眠师仍然以严厉的态度来进行，这样就会使受催眠者感到更加的惶恐、紧张，如果催眠师的暗示语非常强硬、严厉的话，那么接受催眠的人就会一直惴惴不安。一旦紧张、惶恐的心理一直笼罩于受催眠者的潜意识中，那么在施术结束、醒来之后，受催眠者就会出现不安、不愉快、恶心、头痛之感。所以，催眠师要根据受催眠者的接受暗示状态进行及时的指令调整，催眠师此时也应竭力使受催眠者确立一个观念：催眠师是为了我的身心健康而对我实施催眠术的。这样才可以让其稳定地进入催眠状态，从而轻松、愉快地完成催眠治疗。

催眠有副作用吗

催眠是否有副作用也是人们最为关心的一个问题。对于这个问题，催眠师一直都在不停地强调、不停地解释，以消除大家的担心。

实施催眠术可能是有副作用的，但是这个副作用发生与否在于催眠师，而不在于催眠术本身。如果一个催眠师的基本功以及技术修为还达不到的话，他会忽略掉一些必需的暗示。而少了这些环节，就会让受催眠者在清醒之后出现一些迷茫、头昏、倦怠、四肢乏力、头重脚轻等生理反应。当然，这里面不可避免地也存有受催眠者自身的一些原因，有的受催眠者会在这个过程中自主判断，或者按照自主意愿行动，有时候也会减弱催眠暗示的力量。受催眠者心理一旦强烈地排斥，那么就有可能会造成知觉发生歪曲或丧失。

不过，这些副作用完全可以通过催眠暗示一一消除。对于一个专业的催眠师来说，是很少出现这种低级错误的。只要操作得当，就不会有任何副作用或者不良后果。

人们对催眠副作用的认识很大一部分是从小说、电影里看到的——催眠师利用催眠控制别人去做一些危及社会及他人利益的事情。这种情况在现实中是很少能出现的，通常情况下，一个高水平的催眠师会自始至终恪守自己的职业操守，不会去做那些有违职业道德的事情。当然，在受催眠者觉得不放心的情况下，也可以请第三人在旁陪同，以起到监督的作用。

有的催眠师在治疗的过程当中，会发现受催眠者心理情绪方面的反复。这是一种很正常的现象。比如，有严重失眠的受催眠者，在经过几次催眠治疗之后，受催眠者会有几天睡眠非常差的时候，情绪也出现了非常大的反复。这是很正常的，而且这也是问题完全解决的前兆。在治疗心理障碍的时候，在催眠的初期，受催眠者可能会感觉没有自我，感觉自我意识弱了很多，感觉这样很不舒适，但这恰恰是一个潜意识改变心理防御机制的过程，完全是正常的，所以不需要过多担心。

另外，在进行催眠的过程当中，移情是必需的。移情是指在以催眠疗法和自由联想法为主体的精神分析过程中，受催眠者对催眠师产生的一种非常强烈的情感。原因其实很简单，在催眠的过程中，催眠师直接和一个完全暴露的潜意识进行了沟通、交流，这样能和受催眠者非常迅速地建立起亲和感与信任感，催眠师就是需要这样一种完全的依赖和绝对的信任，来进行心理暗示以及灵性改变。这也正是催眠效果显著的一个非常重要的原因。当然，在心理治疗完毕之后，催眠师也会用相当多的次数对受催眠者进行解移情的催眠处理，这种处理并不复杂，经过处理后，催眠者就会恢复过来，感情如初。

综上所述，催眠后的副作用主要是在催眠中予以不当的暗示语造成的，只要经过再一次的催眠性暗示就能消除，因此不必有所顾虑。催眠副作用常见的表现如下：

1. 一般性反应

在深催眠状态下受催眠者忽然醒来，或经过较长时间的催眠而突然醒来，或是在醒来之前催眠师没有给受催眠者以轻松、愉快的暗示，这些都会导致有些受催眠者出现头晕、头痛、无力、倦怠、多梦等不适应的症状。即便催眠后有感不适，也能在下一次催眠中得以解除，不会给受术者留下后患。

2. 记忆力减退

如果出现记忆力减退的情况，那很有可能是由于在催眠状态下运用了不当的暗示。如果确实有不当的暗示损伤了受催眠者的记忆，甚至对以往的某些记忆也有影响的话，受催眠者就可以在下一次的催眠中进行增强记忆的训练，催眠师可以对其施以增强记忆能力的暗示：“通过信息证明，你的记忆功能非常好，在今后的学习、工作或生活中，你会感到你的记忆力非常好，不会再因为记忆力差而苦恼。”经过暗示，受催眠者的记忆可以得到相应的提高。

3. 情绪的改变

在催眠中，由于催眠师对受催眠者的暗示不当，或者对于受催眠者心理矛盾的症结揭露之后没有给予正确的诱导和分析，那么醒来后就会使受催眠者的情绪变得急躁、抑郁甚至疯狂，并且会持续很长一段时间才能慢慢恢复。

4. 人格的改变

人格的改变也是由于催眠暗示不当造成的，因此催眠师应该注意避免发生这种情况。一旦发生了，一定要处理好这些问题，不要给受催眠者带来更多的、不必要的伤害。尤其需要指出的是，催眠师在实施催眠时不能以本人的一些不良人格影响受催眠者，迫使受催眠者发生改变。

一个合格的催眠师要对操作的全过程正确把握，对催眠状态的典型特征了然于心，对催眠过程中的突发事件妥善处理，并且能娴熟、准确地运用暗示指导受催眠者，敏锐地观察受催眠者的表情、神态以及心理变化。

我为什么不容易被催眠

通常情况下，对于第一次做催眠治疗的人，催眠师会为其实施催眠敏感度或催眠易感性的测试。催眠敏感度、催眠易感性，都是指一个人进入催眠状态的难易程度。催眠敏感度是较为常用的称呼，催眠敏感度测试包括雪佛氏钟摆测试、手臂升降测试、双手紧握测试、身体后倒测试、柠檬（苹果）观想测试等；而催眠易感性测试主要是卡特尔 16 种人格因素测验。

一般来讲，约有 95% 的人都有相当程度的催眠敏感度，而另外 5% 的人很难被催眠。也就是说，只要一个人是正常的，就能够被催眠，只是催眠时间的长短有所不同。有一些很难被催眠的人必须被施以反复、长时间的诱导，有的可能需要三四个小时才能进入催眠状态。而那些敏感度高的人，几分钟就可以进入状态。所以，时间越长就越考验催眠师的耐心和技术。

催眠敏感度越高的人，就越能让催眠师得心应手，轻松地施展各种催眠技巧。有些人认为容易被骗的人就容易被催眠，这种观点是不正确、不科学的。事实上，许多精明能干的、社会成就高的人是很容易被催眠的。当然，催眠敏感度是一种十分稳定的特征，通常是在青春期以前最高，然后呈逐渐下降的趋势，年纪超过七十的老人，就没有那么容易被催眠了。

被催眠从一定程度上来讲是一种能力，这种能力越高的人，就越能从催眠中获得相应的益处。一般来说，有下面特质的人，其催眠敏感度会比较高：

容易放松。

愿意信赖催眠师。

专注力高。

好奇心强。

想象力丰富。

智商高。

我真的被催眠了吗

可能每个开始尝试催眠的人，都会怀疑自己是否真的被催眠了。许多被催眠过或者听过催眠录音带的人，都有一个共同的疑问，那就是："当时我真的被催眠了吗？如果是的话，怎么我没有感觉呢？"其实，催眠并不是人们想象中的那种会陷入无意识的状态，也不会有非常明显的生理反应。

基本上，在低度与中度的催眠状态下，当事人的意识是很清醒的，就算进入深度催眠状态，有的人也会内心杂念平息，感觉比平常要更加清醒。所以才有人会怀疑自己有没有真的被催眠。这些对催眠表示怀疑的人，还会有这样的一个疑问：不论是催眠师说的话还是动作，我都清楚地知道，这样的催眠会有效果吗？

答案当然是肯定的，因为几乎所有的催眠治疗都可以在“感觉上很清醒”的催眠状态下完成。那么，到底怎样才能知道自己是不是真的被催眠了呢？这里有几个诀窍，归纳为以下几点：

首先，在自我意志不参与的情况下，会体验到潜意识接管的状态。例如，要求受催眠者不控制、不压抑的条件下，手臂能够自动举起来，身体会摇晃，食指能够自行弹动等。

其次，想要调动自我意志，却无法克服催眠师的禁止指令。例如，催眠师下指令暗示受催眠者，从 1 数到 10 的时候，会跳过 6，对于很多人来说，这是一次非常震撼的体验，尤其是对于那些数到 5 之后拼命想数出 6 却数不出来的人，则将成为终生难忘的一刻。当然，常常练习自我催眠的人不需要从 1 数到 10，只要闭上眼睛，让自己安静下来，就能进入很舒服、放松的状态，进行积极的自我暗示。

最后，催眠师下指令暗示受催眠者展现出平常所没有的能力，这种能力让受催眠者自己感觉到惊奇万分。例如，某位催眠师在一群人中选择了几位催眠敏感度比较高的人，并对他们下指令说：“等一下当我在你的后脑勺连续轻拍三下时，你就会睁开眼睛，并且发现你可以看到人体的气场，清楚地看见包围在人体周围的灵光。然后，我要请你仔细地看清楚在场的每一个人。”为了避免后遗症，催眠师再加一道指令说：“你这种看见灵光的能力只可以维持 5 分钟，5 分钟之后，你就会恢复原状，一切如常。”结果，几个人尝试之后表示确如催眠师所说。

前世催眠真的存在吗

关于催眠里面前世的这个说法，催眠界一直以来都争论不休。国外很多专家一直在研究前世催眠，甚至有一些大学专门成立了超心理学系，研究前世、前世催眠以及心灵感应等神秘的话题。实际上，催眠里面所谓的“前世”，未必是大家传统意义上所理解的前世，而很有可能就是受催眠者内心的呈现，也许是人的一种渴望，也许是人的瞬间记忆。

有人说，人的灵魂是永生的，死亡只是肉体的死亡，灵魂则是可以进入另外一个生命周期的。在一些国家和民族、部落里，人们甚至欢庆死亡，因为他们认为，人的灵魂步入了一个新的发展阶段。也曾经有报告提到过，人们在被催眠之后，能够回忆起自己“前世”的生活。“前世”真的存在吗？

科学家们普遍表示很难接受催眠能够让人回忆起前世的这种观点。有研究报告曾经指出，受催眠者能够叙述出那样详细的故事，除非他是真正经历过那样的生活，否则是绝对不可能讲得出来的。关于这一点，各界专家们也都做了大量的实验。可是，即使能够证明那些事情的真实性，受催眠者能够回忆起的被催眠之前不曾知晓的事情难道就是前世的生活吗？

如果我们要承认人在催眠状态下能够回忆起自己“前世”的生活，那么又必须接受这种观点——受催眠者能够回忆起的被催眠之前不曾知晓的事情，就是自己前世的生活。有观点认为，那些受催眠者叙说的仍然是他们在现实生活中所了解的一些事情，只不过是因为他们在很长一段时间里没有想过这些事情而已。其实除了催眠之外，人似乎也可以通过做梦来回忆自己的前世。

不管是催眠状态，还是梦境状态，都是人的意识进入了不同的层次。只要人们能够学会自我放松，就会很容易进入这些状态。其实，能够回忆起自己“前世”的人都具有非常好的催眠易感性，当催眠师暗示他们能够回忆起自己的“前世”时，他们就会按照催眠师的指令，想象出自己“前世”的生活，并且相信自己“前世”就是那样生活的。可以说，他们能够回忆起的信息是准确的，但是不完全是自己真正的经历，其中有一部分可能是来自影视、书本等，还有一部分则极有可能是杜撰的。

另外，催眠不一定就是促使他们回忆起这些事情的直接原因，催眠的作用很大程度上只是使那些催眠敏感度比较高的人相信自己的确曾经有过这样的“前世”生活。

有一个受催眠者说自己从来没有去过草原，可是在催眠状态下可以清晰地看到草原上的场景，好像真的就是“前世”一样。这个受催眠者完全有可能是在电视、图片上等看到过草原的景色，而且当时印象比较深刻，再加上自己丰富的想象力，塑造出了一幅草原的风景。这位受催眠者为什么会选择“前世”是在草原，其实这只是反映出了他真实的内心世界——对草原的某种热爱、眷恋，而不是真的回忆起了所谓的“前世”。

其实，在实际的催眠治疗过程中，催眠师并不会过多地关注催眠“前世”是不是真的，他们更多关注的往往是这种催眠对于受催眠者是不是有好处。对于我们来说，以开放的心灵、批判的态度来面对催眠治疗，才是明智的选择。

进入催眠状态会不会醒不过来

相信很多初涉催眠的人都问过催眠师这样一个问题：如果

我进入催眠状态，会不会醒不过来呢？事实上，这是绝不可能发生的，迄今为止也没有任何医学文献曾记载过这种情况。这就好像无论夜间的睡眠多么舒适而深沉，人总是会醒过来一样。这一点首先要肯定。但是同时也会有这样的情况：因为催眠实在太放松、太舒适了，所以受催眠者暂时就不想醒来了，但是这并不等同于进入催眠状态之后就真的醒不过来了。

在经过催眠师的暗示之后，受催眠者就会在身心放松的同时，回忆起自己曾经美好的经历，这就会使人很想沉浸在其中，而不想那么快醒过来，恢复到现实的状态，在这种能够暂时摆脱世俗忧愁烦恼的轻松愉悦心情中，可能会有个别受催眠者在接到结束催眠的指示时反问说："可以等一下再结束吗？我想继续体验一下，这种感觉很好。"

这时候，催眠师可能会继续让受催眠者好好享受这种美妙的感觉，同时催眠师也会暗示受催眠者，等到受催眠者享受够了的时候，就随时可以睁开眼睛。因此，担心催眠程度过深，会一直陷在催眠状态中醒不过来的想法是不正确的，也是不科学的。

在催眠的过程中，受催眠者和催眠师会保持着非常密切的感应关系。在外人看来，受催眠者好像什么都不知道，其实他一直和催眠师进行着潜意识的沟通，保持着密切联系，催眠师下达唤醒指令之后，受催眠者就会醒来。当然，如果在非常放松、非常舒适的催眠状态下，进入自然的睡眠状态，也是很正常的事情。同样，在平时正常的自然睡眠状态中，也可以通过催眠术使其转入催眠状态，这就称之为睡眠性催眠术。

孕妇也能被催眠吗

孕妇可以被催眠吗？当然可以。

对于孕妇的催眠一般是心理操作，不需要服用药物，所以在安全问题上是不用担心的。尤其是在怀孕初期，与化学有关的药物孕妇最好不要服用，尤其是在前三个月——胎儿发育的关键期，孕妇应当尽量不服药以降低畸形儿的概率。每个孕妇可以根据自身的知识水平、性格、兴趣、爱好以及其他实际情况，订立一个适合自己的催眠计划。催眠的方法不必过于强求一律，只要是对自己有帮助，适合自己的就可以。

孕妇只要懂得运用催眠的技巧，就可以适当地施以催眠来加强健康、缓解症状、自我治疗。当然，现代的医疗技术和生产环境可以为孕妇的生产提供非常安全的照护，因此孕妇只需要心情放松，多给自己信心即可，不要给自己增加不必要的压力。

在催眠的过程中，孕妇要始终保持乐观的心情，催眠师也应当给予正面暗示，暗示可以是：你将会生下非常可爱、漂亮、聪明的宝宝，你的生产过程会很顺利，而且产后你会迅速恢复身材，甚至会变得比原来更好，孩子以后也会健康快乐地成长，人见人爱。

当孕妇的情绪发生变化时，其腹中的宝宝也会接受相应的变化。所以，在孕期时，孕妇及家人都会注意胎教。在胎教的过程中进行催眠的话效果也会更好，因为催眠可以使孕妇放松，减低她们的焦虑，消除她们恶心的感觉。同时，催眠也可以使生产过程缩短 3 个小时左右，使生产过程更加顺利。对于麻醉药过敏的孕妇，催眠不仅可以助产，更可以增加母子双方的安全，同时还可以提高孕产妇及胎儿的健康水平。

令人遗憾的是，现在还少有妇产科医生懂得运用催眠。

能将动物催眠吗

动物也能被催眠吗？动物不懂人类的语言，为什么可以被催眠呢？看过催眠秀、催眠表演的人一般都会产生这样的疑问。

稍微了解一些催眠术的人都知道，暗示是催眠现象产生的关键所在，是催眠的心理学基础。催眠师正是借助暗示的力量将受催眠者引入催眠状态，并对其开展心理治疗、进行潜能开发等。那么，那些根本无法听懂人类语言的动物，怎么接收这些暗示的指令呢？

实际上动物是不会被催眠的，因为它们无法了解人类的语言。所谓的“动物催眠”与人类的催眠治疗是毫无关系的。人们通常所提及的“动物催眠”是通过压迫动物颈部动脉的方法带领它们进入所谓的“催眠状态”，我们日常所提及和使用的催眠则是指人类通过采用特殊的行为技术并结合特定的言语暗示，使接受催眠的人进入到催眠状态中。从这个角度来看，人和动物的催眠本质上是不同的，所以，“动物催眠”不属于人们日常所提及的催眠范畴。

常见的鸡、鸭、兔子、青蛙甚至鳄鱼，在催眠师的催眠下，它们的肌肉就像软掉了一样，任由催眠师摆布，再或者是催眠师对着这些动物摆弄一番或者耳语一番之后，它们就逐渐安静下来，静止不动了。催眠师的这些手法会让那些不明白其中原理的人产生对催眠的恐惧感。

其实，在真正了解了答案以后就会消除恐惧了。在观看催眠师进行动物催眠表演时，心细的人可以发现他在操作的过程中不时用拇指按住动物的颈部动脉，等到它窒息休克之后就松开了手，这个时候，动物已经四肢瘫软了。在观众们的赞叹声中，这位催眠师就完成了一次所谓的“动物催眠”表演。

除了让动物窒息进入所谓的“催眠状态”之外，还有其他的方法来进行动物催眠表演。例如，不同的动物有着不同的神经敏感区，有催眠师就是通过刺激这些动物的神经敏感区来使它们进入短暂的休克状态；还有一些动物在遇到强烈的外界刺激时，会出现“假死”状态或“木僵”状态，从而也可以达到圆满的舞台效果。一些催眠师会对动物进行爱抚以达到“催眠”，这一点，其实我们在生活中不难体会。对于那些与自己特别亲近的小宠物，比如小狗，如果被我们抚摩得非常舒适的话，小狗就会进入浅浅的睡眠状态。另外，还有一些催眠师会使用驯兽员的方法，利用食物刺激来使动物装死以配合其表演“动物催眠”。

第二篇

学习催眠术就是这么简单

第一章

实施催眠必须了解的 5 个问题

哪些人可以成为催眠师

谁都可以成为催眠师吗？成为催眠师需要怎样的条件呢？催眠师应当具备哪些素质呢？这些都是人们常常问到的问题。

要想成为催眠师，不一定必须具备特定的条件，但是如果具备了下面的条件，将更有利于成为优秀的催眠师。

拥有自信

有的人对于自己所要讲的话始终抱着十分的信心，即使在道理上有些靠不住，有时还显得有些牵强附会，但是他们也尽力使别人去相信自己的话，有时候他们武断的措辞会使人产生强加于人的感觉。这种类型的人，可以被认为是过分自信型，在实施催眠术时，他们往往能够以居高临下的姿态对被催眠者进行有说服力的诱导暗示。没有自信的语言表达会使对方产生不信任，甚至成为影响对方进入催眠状态的障碍。所以，催眠师的自信是引导受催眠者进入催眠状态的重要因素之一。

形象良好，身体健康

催眠师的形象是相当重要的，因为只有给人一种形象良好、身体健康、积极向上的感觉才能让受催眠者更加信任，所以催眠师本身一定要注意自己的形象和身体健康问题，应该做到衣着整洁、仪容端庄。另外，在催眠术的施术过程中，催眠师需要长久地付出身心上的努力，所以一定要有健康的身体才能胜任催眠师的工作。为了保护受催眠者的安全，催眠师也不能有传染病。

表情温和，具有人情味

令人产生畏惧感、压迫感的表情，往往会使被催眠者产生警戒心和自卫心，难以进入催眠状态。人的相貌虽然不能改变，但是表情是可以改变的。因此，表情生硬的人和表情严厉甚至凶恶的人应该尽量注意做出温和的表情来。

声音为低音质且具有浑厚感

大部分学者认为，低音质而有浑厚感的声音对催眠暗示有利。但这并非决定性的因素，有的人虽然音质高亢，但是作为催眠师，并不一定就比低音的人差。

哪些人能被催眠

所有的人都能接受催眠吗？上面我们曾经简单提到过，只要一个人是正常的，就能够被催眠。而关键在于催眠时间的长短有不同，加之催眠敏感度的不同，也就使得接受催眠术的人所取得的效果不尽相同。就是说只要你是正常的，你就可以被催眠，但是能否取得良好的催眠效果，达到最佳的治疗状态，则取决于受催眠者是否符合以下的条件。

精神状态

如果一个人精神状态比较好的话，会有利于沟通与交流，而注意力难以集中或是有明显精神病态的人，被催眠所花费的时间要长一些。另外，在催眠过程中有意识障碍的人，被催眠的难度则更大一些，花费的时间也要更长一些，所以对催眠师耐心的考验也会更大一些。

催眠敏感度

催眠敏感度决定着受催眠者的被催眠能力，以及获得某种催眠状态的能力。实验证明，催眠敏感度过低者不适宜接受催眠，催眠效果不明显。催眠敏感度越高的人越能快速地进入催眠状态，而感受性偏低的人必须要进行反复、长时间的诱导暗示才能进入催眠状态。

年龄要求

通常情况下，年龄越大，就越不容易进入催眠状态。在伦敦进行的一项相关的调查发现，7 ~ 14 岁的儿童催眠敏感度比较高，在这一年龄阶段中，他们的催眠敏感度常随着年龄的增长而提高，然后维持在某一最高水平上。40 岁以上的人催眠敏感度就比较低，年龄越往后就越难进入较深的催眠状态。此外，人的心理在整个生命过程中都会发生变化，因此，催眠敏感度的变化也可能受到心理变化的影响。如果受催眠者心理上十分信任催眠师，也较容易进入理想的催眠状态。

性别

相对而言，女性往往比较感性，男性则比较理性，所以女性的催眠敏感度要普遍高于男性。女性在性格特征方面也是比较突出的，所以进入催眠也就比较快。

心理因素

催眠师应该注意在对被催眠者进行暗示之前营造一个融洽、轻松的心理氛围。患有心理疾病的人，严重的偏执狂患者、精神分裂症患者、抑郁症患者、脑器质性精神疾病伴有意识障碍的患者，以及对于催眠有严重恐惧心理的患者等，是不适合被催眠的。这些患者在催眠状态下可能导致病情恶化或诱发幻觉妄想，有的还会引发思维混乱，如果强制进行治疗的话，则可能加重症状。

智商要求

催眠术是以心理暗示为基础的，在这个基础上就要求受催眠者一定要能听懂暗示，如果受催眠者的智力发展比较迟钝，那就难以理解、领会、遵循催眠师的要求，也就无法接受暗示。通常来讲，智商低于 20 的人是无法理解催眠暗示语的，所以也就不适合接受催眠方面的治疗。

生理健康

催眠术的实施对人的生理健康也有一定的要求，重度感冒、发高烧、腹泻、瘙痒性皮肤病患者以及患有呼吸系统疾病、心血管疾病（如冠心病、心力衰竭、脑动脉硬化等）的人是不适宜接受催眠术的。这些患有严重生理疾病的患者，通常注意力不能集中或者精力不够，不适宜接受催眠。

在哪儿可以被催眠

催眠是不是在哪儿都可以进行呢？当然不是，催眠需要专门的房间。如果有设备齐全的催眠室，当然是最好不过了，但是一般情况下，这样的条件是难以具备的。那么，就需要尽量利用普通的房间，开辟出一个类似于催眠室的专门房间来进行。

实施催眠术需要专门的房间

房屋的大小。房间太大了，会使人有精神散漫和空虚的感觉，容易使人分散注意力，而太小的话，又容易使被催眠者产生一种压迫感。一般来说，10 平方米左右是最为合适的。

室温。室温不宜过冷或过热，一般保持在常温就可以了，温度主要以被催眠者感觉舒适为最佳。

室内照明。如果有强烈的阳光射入室内，或者有故障的灯管一闪一灭，这都是不合适的，这样会给被催眠者造成恐惧感。另外，直接照明也不好，会过于刺激被催眠者的眼睛，使其不能集中注意力，所以以柔和的灯光间接照明是最合适的。

按照上述要求，简单地制造这样的灯光比较好：首先挂上窗帘，防止阳光的直射，让灯光照在白色的墙壁或窗帘上，选择间接照明效果最好，而不是让灯光直接打在被催眠者身上。对于 10 平方米的房屋使用 40W 的灯就足够了。如果被催眠者有特殊要求，也可以适当进行调整。

声音、气味等。要避免人群的喧闹声、楼道走步声、水管流水声，不要让噪音进入房间。最好用较厚一些的窗帘。除此之外，还要避免电视、空调、电扇、换气扇等家用电器的声音，要让被催眠者集中注意力，在一个安静的环境下进行催眠治疗。关于气味，要避免放置有臭味或异味的东西，木材味、涂料味比较强的房屋尽量不要使用，以免损害被催眠者的身体健康。

专业的设计

一个完备的催眠室需要非常专业的设计，必须注意以下几个方面。

防音。如果吸音太强，暗示的意图就难以转达，恐怖感会增强。与之相反，音响效果太好，受催眠者则不易冷静下来。音响效果最好是不完全的吸音装置，完全的防音（无音）会导致没有回音，使人感到异样，反而产生不好的影响。通常把室内音量控制到被催眠者可以承受并觉得合适的程度就可以了。

墙壁混凝土 200 毫米厚，然后是纤维板，在其中加入玻璃棉等吸音材料，适当地使用有孔板比较好。有条件的话，催眠的房间尽量选择平开窗，而不是推拉窗。对于已经采用推拉窗的房间，只能根据噪声的来源选择开窗户的方向，以最大限度减少噪音。催眠室内还需要有专门的背景音乐。其实，关于催眠室的设计，防音这个问题是最为难做的，有必要请具备专业知识、有经验的人加以指导。

照明。采用间接照明的方法，具有色彩照明的效果，还要安装调节这些照明设施亮度的装置。

空调。要保持一定的温度、湿度和适宜的空气流通。另外，要注意避免空调的噪音。

测定器。在预备室内装有测定器，能够根据需要进行测定、录音。

通向预备室的完备的传导设备。单面反光玻璃（镜）；心电图、脑电图、测谎仪，以及其他的电子技术测定装置的传导电缆；监听声音或录音等用的配线。

室内的装饰、设备。家具要单一，墙壁、地板、天花板的色彩要和谐，具有协调性。

催眠师应做好哪些准备工作

如果要顺利地施行催眠，并收到预期的良好效果，那么，在实施催眠之前应当做好充分的准备工作。准备得是否充分，对于催眠师和受催眠者来说都很重要。催眠师在实施催眠之前应当对受催眠者做全面、详细的调查，并与其进行充分的交流，不论受催眠者是自愿还是被动地接受催眠治疗，催眠师都要根据其文化程度、社会背景、身体健康、心理素质、催眠敏感度的高低以及接受催眠术的动机、目的等，实施催眠前的心理准备工作，确定相应的治疗方案，这也是作为一名合格的催眠师应必备的专业常识。

一般来讲，实施催眠前，催眠师的准备工作如下：

首先，催眠师应当了解受催眠者接受催眠术的动机、目的、迫切性，以及受催眠者对于催眠术的认识程度。这样就可以根据受催眠者的具体情况来制定方案。另外，还要了解受催眠者的个性特征以及其对自己心理障碍的了解程度，然后经过催眠敏感度测试确定具体的催眠实施方案。不同的人有着不同的情况，不同的疾病有着不同的治疗方法，而且病情的不同阶段也有着不同的催眠方法，所以催眠语和治疗方案的制定，不能墨守成规、千篇一律，要做到适时而变，要根据受催眠者的具体情况做出相应的调整。

其次，实施催眠之前，催眠师应当根据受催眠者的文化程度、社会背景，向其介绍关于催眠术的一般知识，消除其对催眠治疗的疑惑、忧虑以及对催眠的误解，使受催眠者能够理解催眠的真正定义。这样，催眠师与受催眠者后面的配合将会进行得更加顺利。在实施催眠术之前，还应当进行必要的放松训练，只有彻底地消除顾虑，得到放松，才有信心接受催眠并与催眠师充分合作，达到催眠治疗的最佳效果。

催眠治疗中，帮助受催眠者抚平情绪、建立信心是最主要的。在此过程中，要使受催眠者感到催眠师是在竭尽全力，最大限度地为其解除病痛。另外，催眠师要逐步取得受催眠者的信赖，只有在双方相互信任的基础上，才能更好地开展工作。接下来，催眠师会运用专门的引导技术，通过想象、渐进等让被催眠者进入催眠状态；当被催眠者潜意识逐渐增强，就会把隐藏在心底的情绪说出来，从而减轻心理上的负担。

无论是采取哪一种形式的心理治疗，都必须通过医患双方的沟通与交流而完成，这是必要的前提条件，也是医疗成功的重要保证。临床证明，相互信任的亲密关系能够明显减轻受催眠者的不安和焦虑，增强受催眠者的信心，更容易进入催眠的状态。因此，在实施催眠之前，催眠师应努力建立良好的医患关系。这种医患关系是一个双向的心理互动过程，所以催眠师一定要有坚定的信心与耐心，用乐观的思想和坚强的意志对待前进道路上的一切困难。

催眠师应遵循什么原则

催眠师绝对要遵守应有的职业道德，切不可有滥用的邪念。由于催眠术是运用暗示等手段让受催眠者进入催眠状态，所以催眠师在调动人的无意识力的同时必须节制那些失度的恶作剧，例如，将臭水暗示为果汁让对方喝、在严寒的冬天让对方脱衣服、在大庭广众下让人出丑等。由于催眠治疗是在受催眠者被催眠师控制之下进行的，因此催眠师的职业道德和心理素养更具有特殊意义。

催眠师在实施催眠术时，一定要遵守以下五项原则。

考虑时间和场合

不要在夜深人静的时候进行催眠治疗，尤其是在紧靠邻居的地方进行。因为受催眠者的声音会出乎本人意料地紧张、高昂，有时会传得很远。在尖叫的时候会给邻居造成一定程度的困扰，严重的话会影响他人休息或者给他人造成恐惧感。催眠师应善于机动灵活地采取适当措施，解除受催眠者的不良情绪，争取受催眠者在常规的状态下积极主动地配合治疗。

不要给受催眠者脱离常识的暗示

不要给受催眠者脱离常识的、奇异的暗示，如让其采取过分的、危险的姿势，往嘴里放危险的物品等，以免造成意想不到的事故。另外，应注意不要让受催眠者发出无意义的怪声。催眠师要根据受催眠者的情况有针对性地选用指导语言，不可随意戏弄受催眠者。

不做超限度的恶作剧

不要对受催眠者做超限度的恶作剧，不得强迫对方喝有毒的东西或者碰有害的物质，不得要求对方用头撞墙、从高处跳下，等等。所有能给受催眠者造成伤害的行为一律不允许实行。

不选择容易兴奋者

应尽量避免对容易兴奋的人进行催眠，容易兴奋的人通常会有歇斯底里的倾向，很容易对催眠术产生强烈的抗拒反应，容易出现混乱的场面和令人惊叹的结果。另外，容易兴奋的人一旦进入催眠，则很容易发生感情爆发性地发泄、朝意外方向发展的危险，催眠师应当坚决避免局面失控的事情发生。

对于儿童只做浅度催眠

对于孩子来说，“注意力集中”是一个很抽象的概念，在他们的头脑中，没有一个具体的步骤告诉自己如何做到“注意力集中”，所以针对儿童的催眠方法应做适当的调整，不应和成人一样。

第二章

催眠诱导及常见方法

催眠诱导，带你进入催眠状态

有专家说，“诱导是通往催眠王国的渡船”。催眠诱导就是催眠师诱导受催眠者进入恍惚或催眠状态的过程。

催眠诱导是实施催眠过程中最重要的一个环节，如果催眠师不能将受催眠者诱导进入催眠状态，那么，催眠的其他活动也就无从谈起了。催眠诱导环节的任务就是催眠师运用一定的诱导技巧，让受催眠者进入催眠状态。通过催眠诱导，催眠师可以引起受催眠者被动地放松、反应性降低、注意范围变得狭窄、幻觉增强，逐渐进入催眠状态。催眠诱导的方法有很多，凡是能够使受催眠者进入催眠状态的方法都可以称为催眠诱导。

最古老的催眠诱导

其实，许多人对于催眠术的最早印象来自一只来回摇摆的怀表。被催眠的人呆呆地凝视着那只来回晃动的怀表……时间随着怀表的嘀嗒声渐渐流逝，而怀表晃动的幅度也越来越小，越来越慢……被催眠的人眼神则越来越僵直，移动得越来越缓慢……这时，催眠师用手在被催眠的那个人的眼睛上轻轻一抹，用低低的、沉沉的声音说："睡吧！"于是，被催眠的那个人就随着催眠师的手掌而倒在椅子上，进入了催眠状态……

凝视怀表的方法是众多催眠诱导方法中的一种，称为"凝视法"。"凝视法"发展至今，已经有了太多的演变了。

比如，这种最快捷、最经济、最神奇、最不可思议的"三步催眠诱导法"。

请你把注意力完完全全集中在下面的字句上——

第一句：你可以允许……你现在的感觉……一直继续下去。

第二句：你也许会非常好奇……你的身体到底可以舒适到……什么程度。

第三句：你并不一定需要……进入到很深很深的催眠状态。

这看似平常，实则蕴涵了催眠的整个原理。如果你能够在一个温度适宜而又安静的环境下，以缓慢、平静、镇定的语气来引导对方，那么很多人都可以进入浅度催眠状态。

催眠诱导的两种基本方式

催眠诱导的方法虽然有很多，但是都是建立在两种基本方式上的：命令式和温和式。命令式诱导主要是应用直接指令性语言，比如："你将……""我会……""下面，你就会……"这种权威式的方式，有时更容易让受催眠者信服。而温和式诱导的语言则缓和一点，比如："如果你会……那么……""当我……你就……"这种温和式语言比较有缓冲的优势，能给人留有想象的余地，有时更容易让被催眠者采取行动。

催眠诱导的顺序

催眠诱导的方式有不同，方法有很多，但是大体上都要遵循以下的顺序：

暗示受催眠者眼睛疲劳，全身没有力气，直到眼睛无法睁开。

暗示受催眠者的感官在逐渐迟钝，将不会感觉到刺痛。因为在催眠状态下会失去痛觉，对外界也慢慢没有了感觉。

暗示受催眠者忘记一切，周围发生的任何事情都与他无关，只听得到、只记得催眠师所讲的话与要他做的事。

暗示受催眠者将体验到幻觉、想象，并感觉事情正真实地发生在自己面前。

暗示受催眠者醒来后将忘却催眠中的一切经验，自己将会变得很轻松、愉快。

暗示受催眠者醒来之后会做某些动作，如走到某人的面前道谢、拥抱自己的朋友、吃美味的水果或者打开所有的窗户等。

凝视法

凝视法是刺激受催眠者的感官（视觉），而使受催眠者注意力集中的催眠诱导法。也就是利用生理的集中，造成视觉疲惫，进而使视觉神经瘫痪，最后麻痹大脑中枢神经系统，从而进入意识模糊、身心放松的浅度催眠状态。在凝视法中，由于受催眠者的特性不同，喜欢凝视的东西也不同，就会有很多变化。其实，凝视的对象可以是任何物体，但主要是发光的物体，例如电灯、镜子、水晶球、荧光涂料、火苗等，或者是运动物体，例如钟摆、指尖、手指捏住的戒指等，也可以是特殊的色彩、催眠师的脸和瞳孔等。

天花板凝视法

天花板凝视法适用于习惯逻辑分析与判断的人，它能够很好地分散过于强烈的意识注意力，让潜意识的能量自然呈现，自然进入催眠状态。使用凝视法诱导受催眠者的过程中，还应该给予身体放松指示，及时消除各种不适感觉带来的干扰。具体如下：

先让受催眠者舒展一下身体，做一个深呼吸，让身体放松下来，然后以舒适的姿势坐在椅子上，或者是靠在沙发上，双手以自己觉得轻松、舒适的姿势放好。让受催眠者用轻松的方式，在天花板上选择任何一点，并且将注意力完全集中在那一点上。然后，催眠师开始进行诱导："现在，你的身体非常轻松，非常舒适，你所有的注意力都在那一点上，你将注意力完全集中到了那一点上……你将注意力完全集中到了那一点上……当你看着那一点时，你会觉得自己变得很累，你的眼睛会变得很累，你的腿会变得很累，你的全身都会变得很累……你的全身都变得很累……当我从 1 数到 20 时，你将会慢慢地闭上眼睛，进入很深很放松的状态……现在，你很轻松地看着那一点，你的整个身体都非常放松了，变得越来越累了，你的眼皮也越来越重了，它们开始闭上了，你的眼睛开始闭上了，闭上眼睛会觉得非常舒适，你非常享受眼睛放松后的感觉，非常享受眼睛无力的感觉……你再也不想睁开眼睛了，而且你越想睁开反而越睁不开，不信你试试……当我从 1 数到 20 时，你将会慢慢地进入很深很放松的状态。1……2……3……4……5……你现在变得越来越累，眼睛已经睁不开了。6……7……你现在越来越放松，越来越放松。8……9……10……11……越来越放松，越来越放松。12……13……14……15……16……当我数到 20 时，我轻轻地碰一下你的肩膀，你就会进入很深很放松的状态。17……18……19……20……完全放松……进入很深很放松的状态，很深，很放松……让你的头脑完全安静下来，你的心灵和身体将合二为一，只要你的头脑安静下来，你的身体放松下来……你的心灵和身体将合二为一……"

墙壁凝视法

墙壁凝视法适用于那些心思、想法比较多，注意力很难集中的受催眠者。墙壁凝视法的关键是一边放松，一边凝视，同时保持紧张和放松。此法简单易行，可操作性强，成功的概率较高，大多数人都可以通过此法进入催眠状态。具体如下：

先让受催眠者舒展一下身体，做一个深呼吸，让身体放松下来，然后以舒适的姿势坐在椅子上，或者是靠在沙发上，双手以自己觉得轻松、舒适的姿势放好。然后催眠师开始进行诱导："请自然地坐好，将身体放轻松……保持深呼吸，每一次的呼吸，都让你进入更放松、更舒适的状态……深呼吸……放松……很自然地，很放松地，你什么都不必想，什么都不必想，很快就会进入很放松，很舒适的状态……现在请你看着前方的墙壁，把你的目光注视在正中央的那一点上，固定在那一点上，非常专心地，放松地凝视……非常专心地，放松地凝视……一边凝视，感觉到你的身体会越来越放松，越来越舒适……在你注视那一点的时候，你会感觉到身体会越来越放松，越来越舒适，整个人越来越安静，念头越来越少，越来越安静……现在，你感觉到身体更放松了，更舒适了，更安静了……你呼吸的速度变得越来越慢。慢慢地，你感觉到你的眼皮一点一点地越来越沉重，越来越沉重……继续专心地凝视那一点，有时候你会忍不住眨一下眼睛，这是很正常的，你每眨一次眼睛，你就更接近于催眠状态……你的身体越来越放松了，越来越舒适了，你的念头也越来越少了，越来越安静了……好像，你静静地置身于另外一个时空……你只会听到我的声音，外面其他的声音会变得好像从远方传过来……你的身体越来越放松了，越来越舒适了，你的念头也越来越少了，越来越安静了……你的眼皮越来越沉重……越来越沉重……你的眼睛开始闭起来了，慢慢地闭起来了……你的眼睛已经睁不开了，慢慢地闭起来了……享受那种闭上眼睛的放松的，舒适的感觉……当你的眼睛一闭起来的时候，你已经进入催眠状态了……”

催眠师先以令其享受舒适的感觉为“诱饵”，然后过渡到与之相关的放松，特别是无力的感觉，最后归结到检测落脚点——眼睛无法睁开。人的身体变得舒适起来，这是一个逐次累进的逻辑进程，当然，这也需要催眠师的耐心，循序渐进的凝视法为当事人无法睁开眼睛提供了充足的理由。

从以上两种凝视法可以看出，凝视法发展至今确实已经有了很多变化，但是不可否认，在催眠诱导过程中，凝视法是使用得最为普遍的一种方法。它是在几种催眠方法同时使用时的先驱，或第一步骤；而在单独运用时，它又能直接将受催眠者诱导进入催眠状态。所以，在所有催眠用到的方法中，它的使用频率是相当高的。

深呼吸法

要想使受催眠者进入催眠状态，一个很重要的条件就是消除紧张，因此，深呼吸是一个非常好的催眠诱导方式。如果受催眠者知道如何控制自己的呼吸的话，将会非常有利。

深呼吸法的原理是通过深呼吸使受催眠者把注意力集中起来，更好地倾听催眠师的诱导与暗示。具体如下：

在实施深呼吸催眠诱导时，需要先让受催眠者处于一个非常舒适、非常安静的环境，采取一个非常舒适的姿势坐在椅子上，或者靠在沙发上。然后催眠师进行暗示：“现在，你坐在这里，感觉很舒适，很放松……请你全身放松，微微地闭上眼睛，慢慢地呼吸……先深深地吸一口气，然后慢慢地吐出来，把胸中的气吐完之后，再深深地吸气，然后慢慢地吐出来……好，自己接着做，每做一次深呼吸，深深地吸气，慢慢地吐出来……你的所有紧绷状态完全消失……你会随着每一次的呼吸更放松……你会感觉到你的身体更加放松，进入到了催眠状态。”

这种深呼吸诱导法要求受催眠者能够轻松、自然地进行深呼吸，如果他们在深呼吸时过分地用力，使劲地吸气或者吐气，就会感到身体不适。如果出现这种情况的话，催眠师要马上指导受催眠者轻轻地、慢慢地自然呼吸，不要过分地用力，要做到很自然、很放松。而且需要注意的是，做深呼吸的时间不能太长，否则就会使受催眠者产生疲劳感，一般来讲，做 10 次左右就可以了。然后，催眠师接着暗示受催眠者："你全身放松，全身都放松……你很想睡，你的身体很沉，很沉……你很想睡，你的身体很沉，很沉……你马上就要睡着了。睡吧……身体很沉……很沉……越来越沉……你马上就要睡着了……"

这个时候，受催眠者就很容易进入催眠状态了。受催眠者仿佛听到这个声音是从极远的地方传来，从他的一侧耳朵传入了大脑，在他的身体内与他的血液一起流动，然后又从另一侧耳朵离开了身体，飘然而逝。在这种自然、静谧、舒适的气氛与感觉中，受催眠者不知不觉间就失去了一切抵抗，全部的身心都沉浸在一种不可思议的美妙的余音中。在状态突破之后，一定不要忘记让受催眠者认真体验一下自己此时此刻舒适的感觉，否则催眠的效果会大打折扣。

这种深呼吸诱导法能促使受催眠者集中注意力，并达到一定的专注程度，从而进入催眠状态。在深呼吸诱导中需要注意的是，受催眠者的呼吸速度不能时快时慢，要注意根据不同的情况来加以区别。比如，当受催眠者对催眠师的暗示明显有强烈的抵抗时，那就不能过快地深呼吸。

常用的 4 种传统催眠诱导法

除了最古老最普遍的凝视法之外，传统的催眠诱导法还有感觉诱导法、自然诱导法、美好回忆诱导法、学习回溯诱导法等。这 4 种方法需要正确、恰当地使用才能达到效果，而且每种方法也都不是万能的，必须要懂得在恰当的时候恰当地使用。

感觉诱导法

感觉法适合在受催眠者思绪混乱，不知该从何处说起时应用。这种情况下，让受催眠者从体会自己的感觉开始进入催眠状态，受催眠者的潜意识自然知晓答案。这种靠受催眠者自身的感觉来诱导的方法更加快速，也更加准确。

感觉诱导法适用于敏感细腻的人、触觉型的人，长期病痛或患有严重心理疾病的受催眠者不适合应用感觉诱导法。如果受催眠者身体有很多不舒适，那么他的感觉就会因为安静、内省而扩大，反而阻碍诱导进入催眠状态。所以催眠师在进行催眠治疗之前一定要对受催眠者进行详细的观察与询问，确保找到最适合受催眠者的催眠诱导法。

感觉诱导法具体如下：

“现在，你正自然地坐在椅子上，你能够感觉到自己的脊背正靠在椅背上，清晰感觉到，那种靠在椅背上的感觉……你能感觉到，你的臀部正接触着椅子，你能感觉到，那种接触的感觉……你的双脚正放在地面上，双脚的脚掌正放在地面上，而你的双手自然地放在你的大腿上，你的双手能够碰触到自己的大腿，我要请你集中注意力在那种碰触的感觉上，双手碰触大腿的感觉……你能感觉到手掌的温度……手心与大腿之间的接触……慢慢体会……慢慢去感受……好，感受那种感觉，那是你自己的感觉，你正坐在椅子上，你的脊背靠着椅子，臀部接触着椅子，双脚接触着地面，而你的双手自然地放在大腿上，感受这种接触的感觉，继续感受你自己的触觉……”

自然诱导法

自然诱导法的关键是引导受催眠者自然发生所有的反应，根据这些反应，催眠师进一步诱导受催眠者用心去感受，内心不要做任何的抗拒。具体如下：

“你很自然地，很放松地坐在这里，很自然地坐在这里……感受你自己的呼吸，每一次呼吸都那样自然而放松……感受你的心跳，它很自然地在你的胸腔里跳动着……你只是自然地，放松地，舒适地坐在这里……你什么都不必刻意做，你只是很自然地，很放松地坐在这里，什么都不愿想……一切都会很自然发生……你会觉得很愉快，很舒服……很自然……很放松，很安全……你的潜意识会自然跟随着我的语言，你什么都不必刻意做，你只是很自然地，很放松地坐在这里，什么都不愿想，什么也都不想了……”

美好回忆诱导法

对很多人来说，回忆那些美好的经历就是自然的催眠诱导。受催眠者能够清晰地回忆起当时发生的事情，体验自己当时的情绪，脑海中是当时的情景再现，再配合手臂升降的动作，这样就非常容易进入中度催眠。这个方法比较适合善于言谈、情感丰富的人，尤其是具有此类特点的老年人。具体如下：

“现在，请你开始回忆，回忆你过去生活里那些让你感觉特别愉快的、美好的事情……你应该回到你的记忆深处去，回忆那些令你愉快、令你开心的事情……你每呼吸一次，你就能够回忆得更深入一些……深入地回忆那些美好的事情，美好的经历，深入地、仔细地回忆，那些美好的回忆令你是多么愉快、多么开心……当你沉浸在你的内心回忆时，你已慢慢进入了无人能打扰的境界……继续去回忆……完全地放开心胸去回忆……回忆美好的事情……深入地回忆，回忆那些美好的事情，美好的经历……回忆那些美好的事情，美好的经历，深入地、仔细地回忆……那些美好的回忆令你多么愉快、多么开心……现在，慢慢地，慢慢地把你的手放下来，慢慢地，慢慢地放下来，一次只要往下挪动一个神经细胞……现在，你会感觉到非常愉快，非常轻松……你的感觉非常愉快，非常轻松……把这种感觉逐渐扩散到你的全身……你的全身非常放松，非常舒适……”

其实，不仅仅是回忆那些美好的经历，紧张、害怕、不安、恐惧、焦虑等感受和经历都可以运用到催眠治疗中。当受催眠者非常清楚自己是受到一些事情的影响而紧张、害怕、不安、恐惧、焦虑时，可以直接让他回忆当时所发生的事情。而一旦受催眠者在催眠师的引导下绘声绘色地讲述当时发生的事情，认真而投入地讲述当时的场景，身临其境地体验当时的情绪，这个过程本身就是催眠导入。

学习回溯诱导法

每一个人都是在不断学习中成长的，回溯曾经的学习经历是一种非常有效的催眠诱导方法。它一方面能让受催眠者逐渐沉浸于自己曾经的学习体验中，不断找寻回味当时的学习感受；另一方面也暗示了新的改变，以及逐渐成长的过程。具体如下：

“曾经的那些学习经历，总是让我们难忘，随着岁月的流逝，这些记忆反而会越来越清晰……还记得你第一次学习骑单车吗？还记得你上学的第一天吗？还记得你第一次上化学课做实验吗？还记得你第一次学习英语单词吗？还记得你第一次学习做饭吗？还记得……那个时候，你一定像现在第一次学习进入催眠状态一样有点喜悦，有点开心，有点好奇和新鲜……就让我们回到第一次学习新知识的回忆里……那是一幅怎样的场景？你是在学习什么呢……你当时的感觉是什么？会不会觉得很有趣，还是觉得很难，很担心……在你的头脑中清晰地描画出这样的场景，你在学习那些新知识，那样的一幅场景清晰地呈现在你脑子里……”

学习回溯诱导法有一个非常有效的技巧，许多复杂的、规模较大的问题都可以使用回溯法，它有“通用解题方法”的美称。它几乎可以带领任何人进入到不同程度的催眠状态。

提高成功率的 4 种压迫诱导法

每个人的催眠敏感度不同，有的人很容易被催眠，而有的人很难被催眠。对于催眠敏感度比较弱的人来说，也就需要有相应的保守技术来治疗，这里主要介绍一下提高催眠效率的 4 种常规压迫诱导法：枕后动脉压迫法、颈动脉窦压迫法、锁骨下动脉压迫法、颞浅动脉压迫法。

枕后动脉压迫法

枕后动脉是在耳朵中央往后 2 ~ 5 厘米的地方。枕后动脉压迫法是一种保守的催眠诱导。一般来说，10 个人中大概有 4 个人只需要通过压迫和指示就能进入催眠状态。

枕后动脉压迫法的具体方法是：首先，让受催眠者坐在有靠背的椅子上，催眠师站在受催眠者的左侧，左手扶着受催眠者的额头，右手的拇指和中指按压受催眠者的枕后动脉。在按压时，催眠师要注意根据受催眠者的年龄情况调整手指的力度。催眠师保持这个按压的姿势，并向受催眠者指示“请你先数数”，然后就保持沉默，直到受催眠者数不上来的时候，催眠师就可以停止按压，因为此时受催眠者一般已经进入催眠状态了。

如果按压得当的话，受催眠者最多只能数到 20，就已经进入催眠状态了。不过，需要注意的是，对受催眠者头部的血管不能长时间按压，如果长时间进行按压的话，容易发生危险，所以，催眠师应当快速地完成这个过程。如果感觉需要的时间比较长的话，那么最好再去尝试一下其他办法。对于按压的位置，一般都是相同的。为了保证效果，催眠师对受催眠者两侧的动脉需要用相同的力气去按压，而且按压的同时还要密切注意受催眠者的表情变化，确保受催眠者能顺利进入催眠状态。

颈动脉窦压迫法

颈动脉窦是指喉咙两侧的脉。颈动脉窦是一个压力感受器，它能将感受到的压力传到大脑，手压颈动脉窦会让它感到压力增加，从而引起血压的上升。当受催眠者的血压上升时，颈动脉窦膨胀，迷走神经受到刺激，就会发挥降低血压的作用。这样就能达到改变受催眠者意识状态的目的。在美国，催眠师曾用这个方法将数千人成功催眠。

在进行颈动脉窦压迫的时候，催眠师一般会让受催眠者站着，并让受催眠者仰望天花板。然后，催眠师用手指轻轻按压受催眠者的颈动脉窦。这个时候，紧挨着颈动脉窦后面的迷走神经受到刺激，血压下降，从而使受催眠者意识的状态发生改变。通过按压颈动脉窦，受催眠者的血压会接近于睡眠时候的水平，思维得到了抑制，催眠师就在这个时候给予受催眠者催眠暗示。需要注意的是，这种方法会让受催眠者的血压快速地降低，所以，催眠师要谨慎操作，如果操作不当的话，可能会使受催眠者昏厥。尤其要注意的是，一定要是轻压受催眠者的两侧颈动脉，如果压迫过猛的话，受催眠者就会因血压急剧下降而引发脑缺血，甚至昏迷。

其实，颈动脉窦压迫法成功的真正秘诀并不在于强迫受催眠者的意识状态发生改变，然后给予催眠暗示，而是在受催眠者的意识稍有改变的时候，引导其进入催眠状态。一个优秀的催眠师，能够用拇指的指肚感觉到受催眠者意识状态开始改变的那一瞬间，受催眠者的意识状态一旦开始改变，催眠师就要马上停止按压，然后小心地将受催眠者放倒在床上，避免妨碍受催眠者进入催眠状态。

另外，由于颈动脉窦压迫法中受催眠者意识状态的改变是瞬间发生的，所以催眠师要注意事先加入预期作用的暗示，或者在按压过程中快速加入预期作用的暗示。比如，可以告诉受催眠者："你的心情非常放松，非常舒畅，现在开始让身体完全放松……放松……全身渐渐地没有了力气，越来越放松，越来越舒畅……周围也越来越暗……你的手臂开始发软……非常轻松……你的膝盖开始发软，全身都慢慢地变软，非常轻松，非常舒畅……”在给予这个程度的暗示，才能再给予深化暗示。一般是等到受催眠者的膝盖发软，全身放松，催眠师平稳地让受催眠者躺倒在床上后，才慢慢引导其进入深度催眠。

颈动脉窦压迫法的成功率很高，但是风险也大。需要注意的是，心脏功能不全者禁用此法，血压低者也要慎用。

锁骨下动脉压迫法

有些受催眠者虽然经过诱导进入了催眠状态之中，但是心中仍然有些不安，难以从轻度催眠状态进入到深度催眠中，这种情况是经常发生的。这样的受催眠者一般会有这样的想法：“心里总觉得忐忑不安，我知道这是阻碍我进入深度催眠状态的原因。”在这种情况下，催眠师就要应用一些辅助性的方法来帮助受催眠者更好地进入催眠状态。比如锁骨下动脉压迫法。

锁骨下动脉压迫法的原理是，催眠师把重点放在受催眠者的颈根部上，用力向下按压。催眠师按压颈根部的目的，就是压迫受催眠者的锁骨下动脉从而减少受催眠者的脑部供血，暂时性地抑制受催眠者的思考，从而帮助受催眠者。具体操作如下：

在尽可能地进行催眠诱导之后，催眠师一边柔缓地按压受催眠者的肩部，一边给予一些使受催眠者放心的暗示。“我一按压你的肩部，你就会感到自己被安全感所包围……我柔缓地按压你的肩部，你的心里充满了安全感，你可以感受到时间正在很慢很慢地流逝……好，逐渐开放你的心灵……你慢慢感受到这种感觉……好，用心去感受……”这里是对受催眠者的身体感觉进行刺激，因此暗示时要以感情为主。

这种做法的缺点在于只有让受催眠者坐在椅子上才能进行，所以催眠师事先一定要准备一把舒适的椅子。

颞浅动脉压迫法

颞浅动脉压迫法是利用生理的手段，在受催眠者耳前对准下颌关节上方处加压，通过压迫眼角后面的动脉，减少进入脑部的血液量，引发在催眠状态下的脑贫血状态，从而使得暗示更容易被接受，催眠诱导变得更容易。这种方法的风险也很大，所以催眠师仍需谨慎使用。颞浅动脉压迫法主要适用于那些对于催眠暗示没有什么反应的人。

颞浅动脉压迫法具体的操作是首先让受催眠者采取一个舒适的姿势坐在椅子上，催眠师站在受催眠者的面前。然后，催眠师将手放在受催眠者的太阳穴处，按压受催眠者的颞浅动脉。催眠师边按压边重复让受催眠者闭眼的暗示：“请你全神贯注地看着我的眼睛……全神贯注地看着……不要移开你的视线……就这样一直全神贯注地看着我的眼睛……好，继续看着……不要有任何杂念……全神贯注地看着我的眼睛……你的眼睛慢慢地有点疲倦……有点疲倦……你的眼睛慢慢地感觉非常沉重，非常沉重……慢慢地，你的眼睛感觉非常沉重，非常沉重……你的眼睛已经睁不开了，睁不开了……眼睛疲倦地闭上了……闭上了……”等到受催眠者把眼睛闭上，催眠师再给予“头往前倒了”的暗示，使受催眠者的催眠状态保持稳定。这样，颞浅动脉压迫法就完全成功了，接下来催眠师再用深化法加深催眠状态就可以了。

第三篇

奇妙的自我催眠术

第一章

揭开自我催眠的神秘面纱

什么是自我催眠术

许多催眠专家认为，任何催眠在本质上都是自我催眠，每一个人并不一定需要别人的诱导才能进入催眠状态。催眠的基本要素——使自己进入恍惚状态并施加暗示，每个人都可以学习并直接应用。你可以简单安全地把自己潜意识的潜能释放出来，自己去寻找催眠所蕴含的巨大力量。

自我催眠与他人催眠的区别在哪里？其实，从很多方面来看，它们之间没有什么区别。很多催眠专家认为，各种催眠在实质上都是属于自我催眠，这是因为，虽然是其他人诱导你进入催眠状态，但是，终归是自己的而不是催眠师的意识在起变化。即使自我催眠与他人催眠在进入催眠状态的途径方面略微不同，但是在催眠的各个要素中，却都包括了自我诱导的内容。

自我催眠与他人催眠之间存在的差别在于：首先，在自我催眠中，没有其他人在你进入催眠状态之后对你的潜意识施加暗示，而在他人催眠中，显然这是由催眠师为了满足受催眠者的特定需要（治疗疾病，开发潜能等）而按照提前制订好的计划或方案而进行的。为了在自我催眠中能够有效地进行暗示，我们必须采取不同的技巧。同样，在自我催眠中没有其他人来诱导自己进入催眠状态，必须靠自己来完成。这也是自我催眠首先要克服的一个困难。而且，如果你以前从来没有体验过催眠状态，那么即使是他人催眠，催眠诱导的难度也将会更大。

自我催眠与他人催眠之间存在的这两个差异也是自我催眠的弊端，但是它们都可以被克服、被战胜。不论何种催眠，要想取得应有的效果，受催眠者都要相信催眠的益处，并且乐意赞同催眠的一切有利因素。但是，并不是所有人都能做到这一点。

当然，对于自我催眠的人来说，他们对催眠的怀疑肯定会比较少，而且动机要相对纯正得多。毕竟，对于催眠的效果持怀疑态度的人，或者不愿意被催眠的人，是不会进行自我催眠的。

为什么有人选择进行自我催眠呢？回答这个问题要从几个实际的因素来考虑。首先，为了巩固初始催眠治疗的效果，催眠师也常常教给受催眠者如何进行自我催眠的方法。这是因为，催眠不是灵丹妙药，如果有益的暗示不定期进行巩固的话，治疗的效果就会逐渐淡化。因此，学会自我催眠是保证初始催眠治疗持续有效的好办法。其次，这也和资金的支出有关。催眠治疗的费用有多有少，但是去催眠诊所或者去看催眠医师要开销的费用也不少。如果在接受催眠师治疗之外，能够用自我催眠进行补充或者替代，就可以省去一些费用。此外，从地理位置及便利方面来考虑，如果是在偏远的地区，也许在住所附近找不到合格的催眠医师。与其选择长途跋涉去求诊，还不如选择自我催眠呢。

其实，学习自我催眠的另外一个非常重要的原因是，患者不能够或者不希望随时随地得到催眠师的帮助。比如说，你接受催眠医师的帮助，能够控制焦虑，但是你不能指望每次在你被一些不相干的人骚扰或自己的汽车半路抛锚的时候，催眠师都及时地给予帮助，你也根本不想催眠师在老板怒斥你的时候过来帮助你。如果知道如何进行自我催眠，这时就可以自己单独控制局面了。

总之，自我催眠属于催眠学的一个自然的分支。催眠能够帮助你最大限度地发挥自己的潜力，帮你规避、治疗一些身心疾病。如果你能熟练地掌握自我催眠的技巧，那么，你的生活一定可以更加愉快了。

科学研究表明，自我催眠的效果并不比他人催眠逊色。只要催眠暗示的内容与方法得当，没有任何理论能够证明自我诱导的催眠不如他人催眠有效。事实上在某些领域，它能获得比催眠师治疗还要好的效果。当然，刚开始接触自我催眠的人需要一定的时间才能弄清楚自己需要采取哪种方式，为什么采取那种方式以及怎样才能达到最好的效果。

如果想要自我催眠取得成功，产生好的效果，首先，一定要有强烈的愿望。不要以为随意躺在床上，打开 CD 机，催眠就能发挥神奇的作用，这就好比守株待兔，根本就是在做无用功。自我催眠的正确方式与实施技巧也不太可能马上就能学会，在这方面也是熟能生巧。拥有想让催眠发挥效力的愿望或者至少相信它能够起作用，是最基本的，我们对它的作用信任度越高，愿望越强烈，自我催眠的进展也就越快。另外，还要最大限度地放弃批判，接受催眠技巧。最理想的状态就是，你乐意停止思维，抛开任何的顾虑，完全相信催眠将发挥巨大的作用。这种心理状态可以有效地帮助你打开自己的潜意识，使你易于接受暗示，是自我催眠成功的关键。

其实，自我催眠的方法并不神秘，每个人都可以尝试。同时，自我催眠和生活中其他的美好事物一样，也需要一定的努力、练习和实践。通过实践你会逐渐习惯进入催眠状态的感觉，而且你越能够适应这种感觉，就越容易成功地诱导自己进入催眠，让催眠发挥其应有的作用。

自我催眠和他人催眠一样，只要实施得当，没有什么危险性。但是有一些事项一定要注意。在进行机械操作、驾驶或者做任何其他需要精神集中的事情时，不能播放催眠用的磁带、CD等。此外，曾有过心理疾病的人，如果没有征得适当的医疗建议（催眠医师、催眠师的建议），最好不要擅自进行自我催眠。此外，在你不知道疼痛的原因时，如果没有征得医疗人员的同意，最好不要利用自我催眠的方式来减轻疼痛。比如，如果你手腕骨折了，而你采用自我催眠的方法减轻了疼痛并且继续使用受伤的胳膊，可能会造成无法挽回的损害。

由于处于催眠状态时，对自己的潜意识施加暗示是一件不太容易的事，因此进行自我催眠时，使用磁带或 CD 会对催眠的成功有很大的帮助。所用的磁带或 CD 可以是自己录制的，也可以由催眠医师录制或者让朋友按照自己所编写的内容来录制。

自我催眠的应用

自我催眠这项活动目前在世界许多国家已经被广泛应用。它是通过积极的暗示，进行自我控制身心状态和行为的一种有效的心理疗法。人类的大脑和神经系统进化到今天，已经完全具备利用自我意识和意象审视自己内心的能力了，人们完全可以通过自己的思维资源，在大脑中进行自我认知、自我肯定、自我教育、自我强化、自我治疗、自我激励与自我提升，这些行为实际上都属于自我催眠的应用。许多成功学大师所传授的成功窍门与我们要讲的自我催眠就有着微妙的、脱不开的联系。可以说，全世界的成功人士都曾经有意或无意地使用着这项心理技术，用来帮助自己控制情绪、集中注意力、迅速消除疲劳、调节肌肉紧张等。

自我催眠主要可以应用在以下几个方面：

减除心理应变性激动，改善睡眠，提高人体的免疫功能和社会应用能力，有效防治各种身心疾病；

增强大脑记忆力、精神注意力，有效存储记忆，提高学习效率；

矫正各种不良习惯，美容、减肥、戒烟、戒酒；

控制神经疼痛，自然分娩，手术应用；

在一定程度上激发人的潜能，提高体育训练和比赛成绩等；

达成新的人生目标，并充满活力和动力，积极地督促自己努力奋斗。

在历史上，人们很早就已经开始应用自我催眠暗示了。祈祷、印度的瑜伽术及我国的气功等，都是以不同的方式实施自我催眠暗示，其目的都是保护人的身心健康。

在前面讲述催眠暗示的时候，我们就提到过，暗示在人类的社会生活和日常生活中都具有非常巨大的作用。当人在清醒状态下，暗示虽然也有作用，但是只有在催眠状态下的暗示，暗示的内容才更容易进入人的潜意识领域，且具有更强大而且更持久的影响力。在催眠状态下的暗示，不仅能够改变人身体的感觉、意识和行为，甚至还可以通过调节人体自主神经来影响内脏器官的功能！除此之外，催眠暗示还能帮助人控制不合理的膳食，激励人坚持身体锻炼。

脑科学研究已经明确地证明，大脑的前额叶不仅仅是与意识和思维等心理活动密切相关，而且与调节内脏器官活动的下丘脑之间也存在着异常紧密的联系。而这正是人类能够主动利用意识和意象，来调节和控制内脏生理功能的首要物质基础。只有打好了这一基础，才能让人的生理功能达到平衡的状态。

人类的潜意识对调节和控制人体的呼吸、消化、血液循环、物质代谢、免疫反应以及各种反射和反应均起着不可替代的巨大作用。许多研究都已经明确地证明，在催眠状态下，如果被暗示身体处于不同的状态，人体的代谢率也就会随之出现相应的变化。

研究同时还发现，人在喜悦、快乐、大笑、听悦耳的音乐、回忆幸福的体验时，大脑内会有大量的脑啡肽和内啡肽的分泌。相反，当人的身体有疼痛或者痛苦等消极情感时，就会在体内有大量的P物质及去甲肾上腺素的释放。而内啡肽类物质具有抑制体内产生P物质和去甲肾上腺素的作用。有了这个理论基础，我们可以得出这样一个结论：在催眠状态下，如果自己能够不断地强化积极性的情感、良好的感觉以及正确的观念，使这些正面的情感、观念等在意识和潜意识中贮存，从而在大脑中占据优势，那么就可以通过多种心理或生理作用机制对人们的身体状态、心理状态及行为进行自我调节和控制。因而，当处于应激和焦虑状态的时候，体内分泌的大量去甲肾上腺素引起的心悸、心慌、心跳加速、呼吸增强、头晕、冒汗、胃部不适、下肢发软、皮肤发凉以及精神恐惧不安等症状，都可以通过一定时间的自我催眠暗示来进行缓和。

总之，自我催眠对于保护身心健康、改善生活来说是非常有利、非常有价值的。而且因为是自我操作，比起去看催眠医生、催眠师或者心理医生，自我催眠实践的机会要大得多，这也是它最大的优势。不过，催眠不是灵丹妙药，如果只是在很短的一段催眠过程之后，就希望能够彻底改变积累了10年、20年，甚至更长时间的习惯，这种愿望肯定是不切实际的。只有反复的、长期的催眠治疗才能够产生实质性、稳固的变化。

自我催眠的应用是非常灵活的，可以是多种多样的，治疗疾病、开发潜能、完善自身等。在使用自我催眠的时候，也可以做不同的尝试，但是必须要坚持下面的这条基本原则：如果出现需要专业医生治疗的疾病症状，必须立刻寻医就诊，而不能考虑用催眠来解决。

哪些人最需要使用自我催眠术

哪些人最需要使用自我催眠术呢？

患有强迫症、焦虑症、恐惧症、抑郁症等心理障碍患者。

工作压力较大，很难有时间放松的人。例如推销员、业务员、公司职员等。

从事竞争比较激烈的行业，整天神经紧绷的人员。例如娱乐名人、运动员、企业管理人士、金融界人士等。

需要增强记忆力、害怕进考场、恐惧面试的人。例如想提高学习成绩的学生、参加各类考试而怯场的考生、继续深造学习的成人。

患有各种慢性疾病者，例如头疼、糖尿病、身体发热等。

有成瘾症者，例如吸烟、酗酒、吸毒等。

需要靠增强自信心来减轻体重、美容及抗衰老者。例如年轻少女、中年妇女等。

需要增强自身免疫力，增强抵抗力，减少疾病发生者。例如体弱多病或者身体亚健康者。

有不良习惯者，例如咬手指、摇头不止、多动症等。

需要改善睡眠质量者。

有晕车（船）情况者。

哪些人不能使用自我催眠术

虽然自我催眠术在治疗身心疾病、开发潜能、改善生活方面有着不可思议的作用与功效，但是自我催眠术和这个世界上的任何疗法一样，不可能是包治百病的，而且有一些人是绝对不能使用自我催眠术的。我们一定要意识到这点，尽量避免这类人进行自我催眠，以免出现不良的反应。

精神分裂症或其他重型精神病患者不可以使用催眠术。这类病人大脑内部已经严重病变，在自我催眠状态下会导致病情恶化或者诱发幻觉妄想，从而导致无法顺利地进行自我催眠。

大脑器质性损害的精神疾病并伴有意识障碍的病人也不能使用自我催眠术，因为自己很难能全身心放松下来，理智地接受催眠暗示，自我催眠还可能会使得症状加重，甚至危害自己和他人的生命安全。

患有严重的心脑血管疾病，例如不建议冠心病、脑动脉硬化、心力衰竭患者使用自我催眠术，以免过度激动诱发疾病。

最后，还有一些对催眠有着严重的恐惧心理，经过耐心细致的解释后仍然持强烈怀疑态度者，也是不适宜进行自我催眠的。即使勉强进行，也不会取得良好的效果，反而有可能适得其反，得不偿失。绝对不能强迫其他人进行自我催眠。如果一些轻度病患者坚持要尝试自我催眠的话，那么在第一次进行自我催眠前，应多了解一些自我催眠的相关知识，或在专人指导下进行，以免催眠不当。

第二章

自我催眠的步骤

选定目标是关键

如果决定要进行自我催眠，首先是要明确你的目的。不管做什么，目标明确都是有益无害的。即使你的目标只有你自己能够明白，而其他人根本就无法理解你，你也完全不需要担忧，不要悲观，不要放弃。

潜意识状态就是在我们察觉得到的思想（显意识）表面之下，埋藏着更大量的运作活动，是平日不留意也无法认识的，但是一到关键时刻或者在完全放松的状态下，潜意识就会自然地迸发出来了。

那么，你知道你目前最主要的目标是什么吗？不知道？不清楚？不要悲观，不要放弃，下面我们将介绍一种方法，让你一步一步找出当前你最需要实现的目标。如果你的目标有两个或者两个以上，那么你就需要将它们逐个进行比较，然后心平气和地问自己："假如我只能选一个，而另一个必须抛弃，那么，哪一个才是我最需要的？"在进行这种自我反省时，最好是在很放松的状态下，也就是在轻微的半睡半醒状态下选择目标，这样得出来的答案也会比较准确。选定目标的具体方法可以参考如下：

列出目标

我们日常生活中养成了种种行为习惯，都可以交给潜意识去处理，这其中也包括梦想的选择和目标的实现。你可以把自己头脑里产生的所有目标都用一张纸列出来，并随意地用数字进行排列，如 1、2、3、4……一般先排列 10 个左右。如果一时想不出来也不用着急，可以随想随记，比如你可以这样写：

买一辆新车；

让自己的工作压力减小一些；

通过英语六级考试；

改善睡眠质量；

完成这个月的工作任务，制订计划；

找到一份轻松的工作；

交下个季度的房租；

买一部新的相机，并设法将旧的卖掉；

到郊外写生、摄影；

到云南去旅游。

……

进行自我催眠

首先你要选择一个自己觉得最为舒适的姿势坐下，手里还要准备好这 3 件东西：目标列表、一张图表、一支笔。这样就可以进行自我催眠诱导了。但是要注意，此时还不能立刻完全进入催眠状态，当你感到非常放松或者有沉醉感觉的时候就应该睁开眼睛。随着生活节奏的加快和竞争的加剧，人们感到十分紧张，总是放松不下来，怎么办？有的催眠专家认为，一般人只要能够专心听一段轻音乐，就可以很轻松地进入这种状态。

进行比较

将列出的所有目标都填入到图表中（参考下表）。左侧垂直的数字（1，2，3，4……）是你列出的目标，而顶端横着的数字是你将要进行比较的目标数字，比如垂直的目标“1”和横排的目标“2”进行比较，然后再把垂直目标“1”和横排目标“3”作为比较，以此类推。

得分	目标	2	3	4	5	6	7	8	9	10	11	12	13	14
	1													
	2	×												
	3	×	×											
	4	×	×	×										
	5	×	×	×	×									
	6	×	×	×	×	×								

（续表）

得分	目标	2	3	4	5	6	7	8	9	10	11	12	13	14
	7	×	×	×	×	×	×							
	8	×	×	×	×	×	×	×						
	9	×	×	×	×	×	×	×	×					
	10	×	×	×	×	×	×	×	×	×				
	11	×	×	×	×	×	×	×	×	×	×			
	12	×	×	×	×	×	×	×	×	×	×	×		
	13	×	×	×	×	×	×	×	×	×	×	×	×	

做出选择

一切就绪，然后就是需要你自己做出选择的时间了。现在，你需要把每一目标与其他目标一一进行对比，在每次两个目标的比较中选出一个你认为相对来说较为重要的，需要优先达到的目标。每个人选择的标准可能各有不同，通常来说有两种标准：一种是按照自我感觉为准（哪一个我感到是最重要的），另一种是按照生活中的实际情况为准（哪一个目标我应该先达到）。前者相对比较感性，后者相对比较理性。但是在催眠中并没有高下之分，而是要具体情况具体分析，然后，你将比较的结果（目标数字）填入空白中。比如，比较目标“1”和“2”时，如果你觉得目标“2”需要优先达到，你就在垂直数字 1 与横排数字 2 相交的空格中写上“2”。继续把目标“1”和目标“3”作为比较，如果目标“1”需要更为迫切，那么你就在垂直数字“1”与横排数字“3”的空格中写上“1”。下面我们将范例的目标进行了一些虚拟的比较，并填入了结果（参考下表）。

得分	目标	2	3	4	5	6	7	8	9	10	11	12	13	14
3	1	2	1	4	1	1	7	7	9					
6	2	×	2	4	2	2	2	2	2					
4	3	×	×	4	3	3	3	3	9					
5	4	×	×	×	4	4	4	4	4					
2	5	×	×	×	×	5	7	5	9					
1	6	×	×	×	×	×	7	8	6					
1	7	×	×	×	×	×	×	7	8					
0	8	×	×	×	×	×	×	×	9					
9	×	×	×	×	×	×	×	×						
10	×	×	×	×	×	×	×	×	×					
11	×	×	×	×	×	×	×	×	×	×				
12	×	×	×	×	×	×	×	×	×	×	×			
13	×	×	×	×	×	×	×	×	×	×	×	×		

打分

比较目标和填完图表后，你就可以开始完全地清醒过来，然后再给表中的结果打分。请看上面的图表，在目标“1”这一横排中，1 共出现了 3 次，那就在“1”前面的格子中写上 3；目标“2”这一排中，2 共出现了 6 次，就在目标“2”前面的格子中写上 6，如此一一写下去，最后再做详细统计。

评估结果

从打分的表中就可以看出来，打分栏中得分最高说明相应的目标出现的频率最高，频率最高说明最重要，就是我们所寻找的最需要优先达到的目标。因此，这个目标应该考虑重新定位为自己的第“1”目标，再看看出现频率第二高的目标是什么，可以找出来重新定位为自己的第“2”目标，依次类推。如果有两个或者两个以上的目标出现的频率相同，那么你需要再次将它们进行比较，重新选出哪个相对优先，例如，从表中找出目标“6”与“7”的得分都是 1，那么，就可以再次比较这两个目标，直到选出略胜一筹的那一个为止。

重新写出列表

整个过程的最后，你需要另外再拿出一张白纸，依据你刚才打分的结果，将你的目标进行次序排列，重新写一份目标列表。这样，你的目标就非常清晰地呈现在你的面前了。你也就能合理地按照计划来实施，最终达到自己追求的目标。

编写自我催眠的暗示台词

明确你的目标之后，就可以开始撰写你自己的暗示台词了。暗示台词写得好对于我们摆脱各种心理障碍及生理疾病是非常有用的。这一步要认真遵循一定的指导方针，请参见下面：

保持直接暗示简洁、扼要、有效

1. 简洁、扼要

当你被自己催眠时，清楚、迅速地理解被暗示的内容对你来说是相当必要的。台词的简洁、扼要指目的很单纯，不复杂繁多，也是指语言文字本身的简洁。尽可能地突出重点，直接暗示不应该被包含在冗长的独白中。很多病人对直接暗示更能有效地反应，想象力不是很好的人也可以对直接暗示进行吸收并做出反应，然后所做的规划就能够发生。

2. 重复暗示

重复也是非常重要的，甚至可以说是催眠过程中最重要也最常用的手段，因为它能帮助你循序渐进地增强暗示、延续保留暗示的时间。当你反复接受同一信息，暗示就会变成本能的行为。你会自动、自愿、轻而易举地实施。不管你要暗示什么，你都要最少重复3遍。特别是对于那些受各种精神神经症折磨、困扰的人，尤为有效。

比如你可以完全地重复："我已经停止吸烟，停止吸烟，我已经停止吸烟。停止吸烟，我将永远不再抽烟，永远不再抽烟。"

重复也可以解释一些关键性的暗示："我已经停止吸烟。我不再想吸烟，我不是一个吸烟的人，我是不吸烟的人，我怎么可能会吸烟呢？"每个人都可根据自己的情况，设计符合自己特点的、行之有效的暗示台词。

你可以用同义词或相似的词语去加强相同的暗示。你的目的是用不同的方式陈述肯定的暗示，以达到一定的说服力，让它变得更为熟悉，并且最终会以某种方式改变你的行为。如果你强行给它规定复杂的过程、方法，结果只会适得其反。

3. 让暗示可信、令人渴望

如果认为自己还不具备改变暗示目标的能力，即使你并不想放弃，但你的潜意识里可能会抵制它。进一步说，如果你的真实想法其实不想通过律师考试，不想减轻体重或不想成为有影响的公众演讲者，那你对自己发出了暗示也只能是表面上的，不能进入到你的潜意识当中。

为暗示制定一个期限

你不必为自己制定严格的行为改变时间表，但你需要指出期望发生某些改变的具体时间。如果你想指定一个立即发生的行为，就用“现在”“不久”或“马上”等有效的词，让自己的潜意识来掌控时间。

如果你的目的只是放松肩膀，并希望在几分钟或几秒钟内发生，你可以对自己做出这样的暗示：现在放松你的肩膀，就让肩膀放松。感觉肩膀放松了，现在放松你的胳膊，让胳膊放松。好，继续放松，很快地你感觉到自己的肩膀越来越放松，越来越放松。

短暂的时间期限也可以这样暗示：不久，你就能回忆起梦中让你害怕的情景，然后彻底清醒过来。马上，你要举起你的手指表明你的手发麻，没有知觉，没有反应。

如果你的目标是要经过长时间努力才会见效，你暗示的时候就需要这样说：“到上课的时间”或“当我下周开车过桥的时候”。当把催眠用于自然分娩时，指定特定的时间就更为必要。你可以这样说：当你继续放松，想象婴儿的诞生，想象世界上又多了一个小生命……

在进行例如学习、运动员想象预赛或从事创造性的活动时，指定一个期限是特别重要的。否则，一个运动后大脑反应强烈的人很可能会持续精神旺盛直到筋疲力尽，浪费了不必要的时间和精力。你可以这样说：每天早上你写剧本，充满灵感、十分轻松。中午你停下来，想一想你所写的内容。回顾所做的工作，这样你会很有成就感。对于选择在下午或是晚上继续工作的暗示，要指定好一个停止时间，让暗示完全有效、实际，并且防止筋疲力尽。只有这样才能有更好的状态继续工作下去。

确保暗示表达确切

如果你暗示一位田径选手，在接下来要进行的比赛中他将会“像鹿一样奔跑”，这位选手可能穿上运动裤就想奔跑。如果你暗示“尽可能地快速奔跑”，那么选手可能会感到迷茫或无所适从。

确切的暗示不应该明显地激发那些不合需要的过激反应。下面我们通过实例来说明不确切的暗示将给人带来什么样的尴尬与麻烦。曾经有一位催眠师对一位妇女进行如下暗示：“今晚，你离开办公室，关上灯，轻松、平静地回家。当到家时，你继续感到轻松、平静，直到你睡着进入梦乡为止。”

那天晚上，这位妇女离开办公室。然后，她要找个方式去关灯，因为催眠师给她的暗示顺序就是这样的。她走到外面，找到一个控制整座大厦灯光的保险丝盒，然后就把所有的灯都关上了。

确切表达暗示也有例外。如果暗示对个人有害或有悖于病人的道德模式，受催眠者就不会遵循暗示。比如说，你不能暗示一个人去抢银行并希望他听从这个暗示，除非那个人想抢银行，只等着得到允许去这样做。不然，一般情况下受催眠者会极力抵制这种行为，直到清醒为止。

一次暗示限定在一个问题上

如果催眠师想一次完成太多改变或突然重新安排生活的几个方面，只会降低其中每一个暗示的效果，也会分散受催眠者的注意力。

也就是说你不能同时戒烟和减轻体重，也不能在两三个月内同时消除失眠和恐慌症。实际上，同时完成两个目标并不是不可能的，但是那将让自己不堪重负。所以一定要分清事情的轻重缓急，按照需求来合理安排和分配。

主要目标应分解为一系列暗示增强的步骤

催眠暗示如果可以直接指向要达到的行为或目标，这个暗示才能算是有效的。分析你的主要问题和最终目标，比起对问题进行次要的改变要重要得多。因此中心的环节是编定、选择对自己最有效的“自我暗示语”。

如果能从一个暗示中获得了一点点成功，那任何人都要继续激发自己潜能，增加原来的成功。你可以把暗示看成是箭靶上的圆环。从外环开始，击中；这是个小小的成功。然后，你继续进行下一个更小的环，以此类推，直到你击中靶心。靶心代表你要改变、消除的行为或问题的最核心内容。比如你想要改变在高速公路上所有有害的、不合理的行为，当你看到有人插到你前面时，你可以假装视而不见，并尽量不要大吼大叫，然后你就会逐渐进步，直到你让别人插到你前面，并对此保持微笑，你也会认识到在高速公路上表现得大方一点并不会影响你往返的时间。

请记住，成功是一种连锁反应，成功会引发继续的成功。所以，在开始时，保持暗示适度，以此加强，结果不仅是有益的而且还会更加持久。如此一来，受催眠者的情况也会越来越好。

使用肯定的词语

在进行暗示时，尽量使用简短和直接的陈述是非常必要的。避免使用诸如“不、尝试、不能、不要”等词语。一般人的潜意识反应都是按照肯定的主张进行的，例如，“我能、我是、我会”。你必须很好地推敲字词，它们对潜意识有不同效果的暗示作用。

要想进行肯定暗示的叙述，可以进行如下练习。你可以将你在生活中想要改变的行为简单、单一地陈述出来，可谈及需要减少或消除的任何习惯。现在试着读一下你的陈述，找找否定词语，如果你没有使用此类的消极词语，你已经是积极思考的了，应该容易预见你的目标。如果你用到了消极词汇，就要重写。这一次，要把暗示写得就好像它们已经达成了一样，如此一来，催眠效果也就能相应更好。例如：

“我不想紧张。我更加放松。”“我要试着减轻体重。我正在减轻体重。”“我不想再吸烟。我是不吸烟的人。”

消极词语是不确定、不一致、让人讨厌的词汇，不利于自己，能引起不愉快的想象或使暗示的意图变得混沌。比如说，在放松诱导中，这个暗示是不合适的：“现在从脖子跳到肩膀，放松你的肩膀……”使用“跳”这个词恰恰与你的目标是相反的。

避免引起思考的放松暗示

在诱导的开始阶段，放松具有非常重要的意义，要保持暗示的普通以避免引起思考。典型的安全暗示是："放松，漂移到一个相对放松的舒适状态，感觉到你的整个身体放松……"而下面这个过于详细的暗示就是非常不合适的，因为它引起思考："放松，想象你自己像个孩子一样在湖面的某一个橡皮艇上坐着，船在慢慢漂移。记住你漂浮在湖面的感觉。记住你觉得有多放松，微风迎面吹来，你感觉非常的舒适……"

假如你有过在小艇或小船上漂移的经历，假如你不会游泳，或者你害怕像孩子一样独处，这个暗示就会引起你很大的不适。你会异常焦虑甚至感到害怕，而不是放松。所以催眠之前，写催眠暗示语一定要考虑周全。

自我催眠的准备工作

在尝试自我催眠之前，有必要做一些准备工作来提高自我催眠成功的概率。

首先，一定要保证自己处于一个当进入催眠状态时不会受到任何人、任何事物打扰的安静空间里。当然，在有足够的经验之后，你也可以在嘈杂或者存在干扰的环境里进行自我催眠，但是在刚开始学习、实施的时候，你必须确保你的手机、CD 机以及任何其他的干扰源都已关闭。如果屋里还有别人的话，必须让他知道你不能受到干扰的需要。如果你在催眠中使用磁带或 CD，请尽量使用耳机，这样可以帮助你完全隔断那些外在的噪音。

接着，你就要为自我催眠选择一个自己觉得最为放松最为舒适的姿势。你可以坐在直立的椅子上，而且椅子最好不会松动或滑动，你也可以躺在沙发上、床上或者铺有柔软毯子的地板上，要使自己尽量轻松舒适。必要的时候，你还可以用垫子和枕头，因为你可能需要静止地躺上或坐上半个小时左右的时间。此外，不要忘了在催眠开始之前去一趟洗手间，以免到时候“内急”干扰催眠的正常进行。

在进行自我催眠之前做一些轻柔的伸展运动，拉一拉肩膀、后背，扭一扭头颈，甩一甩胳膊以及腿部的肌肉。这些活动能够有效地促使你放松身体，使你易于进入催眠状态，而且可以防止你在催眠状态下出现肌肉痉挛的意外情况。

催眠时的穿着并不是很讲究，但是所穿的衣服必须要宽松舒适。应该解下领带、皮带，摘下你的手表以及耳环、项链等饰品，否则它们可能会使你在躺下或者端坐的时候感觉到不舒适。如果戴眼镜，还应该取下眼镜，隐形眼镜也最好先取出，以免在自我催眠结束之后戴着隐形眼镜进入睡眠。

另外，你还可能需要一个定时器，它可以使你只在规定的时间里处于催眠状态。当然，如果你是在睡眠之前进行自我催眠，那就不需要定时器了。关于这一点，你不用担心你会在催眠之后难以醒过来。那个定时器，只是在你催眠后进入潜睡状态后但又不想睡着的时候，它才发挥作用的。有一点需要注意，定时器的声音不能太响，否则它会吓你一跳。

最后，注意不要过分关注规则。上面的建议只是帮你达到自我催眠效果的经验之谈，而在实践中，如果你有更好的办法，完全可以打破或者改变这些套路。要知道，那些只会背诵催眠语，并不能灵活使用的人，进行自我催眠的效果是远远不行的。如果你能够更好地为自己考虑，并且能够找到最适合自己的东西，你的自我催眠也就越成功。

如何进行自我诱导

当你已经找到了一个感觉最为轻松舒适的姿势，一切准备工作就绪之后，就可以开始进行自我催眠了。但是，到底怎么样才能让自己进入催眠状态呢？这个过程被称为自我催眠诱导，或称自我诱导。

就如前面的催眠诱导，自我诱导有很多方式可供选择，但其归根结底是要分散意识的注意，让潜意识能够发挥主导作用。自我催眠与他人催眠的不同之处在于，诱导必须是由自己来完成的。多数催眠师都认为，本质上两种都是自我催眠，所以从理论上来讲，自我诱导的成功并不存在障碍，只是进行诱导的媒介、方法稍微有一些差别。

自我诱导的媒介

自我诱导最常用的媒介就是使用录音的磁带或者 CD。录音的内容可以自己来编写，也可以在其他录音内容的基础上进行改写。同样，如果条件允许的话，你也可以让催眠师提供磁带，或者在市场上购买现成的、合格的磁带或者 CD。其优点在于，你可以听“外在”的声音，不用和自己说话或者借助想象的方式而将自己导入催眠状态；但是缺点在于，录音的诱导速度可能会太快或者太慢，不能完美地配合你进入催眠状态的速度。

自我诱导的另一种“媒介”，就是利用意识自我诱导，或者借助物体来吸引自己的注意力。这种情况下，你可以控制诱导的进程。从理论上讲，有意识地让自己进入催眠状态似乎听起来很矛盾，但是在实践中，由于我们很自然地能让一部分头脑与另一部分分开，所以用自己的意识进行自我催眠是完全有可能的。

不论你在自我诱导中是让催眠师为你录音，还是买现成的磁带、CD，你都需考虑什么语汇是最适合自己的。直接的诱导是告诉你在哪里要做什么，感觉如何，比如“现在，我感觉很松弛，我感觉到我的双腿在松弛”。而间接或者非强制性的诱导却会比较随和，同样的例子可能会说成“我也许会感觉到自己有些松弛，可能也意识到自己的双腿在放松”。两种诱导方式不分对错，无所谓好坏，因人而异，要知道自己对哪一种暗示的反应更好，选择适合自己的。

自我诱导的方法

自我诱导的方法主要有逐步松弛法、凝视法、手持物体法、楼梯想象法及风景意象法等。

1. 逐步松弛法

逐步松弛法是一种普遍、易学，且比较适合初学者使用的自我诱导方法。

在你找到感觉舒适的姿势并准备进行自我催眠时，想象自己的身体从一端至另一端正在慢慢地放松：从头部到双脚或者从双脚到头部都可以。想象你的脚部正感觉非常松弛。在你感觉脚部渐渐松弛，松弛感从一只脚流动到另一只脚的时候，暗示自己正在进入催眠状态。同时，也要注意这种松弛感怎样逐渐在身体中蔓延，怎样从一个部位流向另一个部位，将自己带入更深层次的催眠状态。这个过程中间不要有任何停顿或停止，直至整个身体，包括胳膊和双手，都感到松弛。

逐步松弛法是操作最简单、使用最安全可靠的一种诱导方法，但是你也可以尝试一下其他的诱导方法，看看自己最适合哪一种。这些不同种类的自我诱导方式，都是通过关闭你对外界的知觉，并让你集中于内部身体的知觉来发挥作用的。

2. *凝视法*

凝视法也是一种最简单易学、普遍使用的自我诱导方法。

在你找到一个舒适的姿势坐好时，请将注意力聚焦在位于眼睛略上方的一个物体，其位置能够使你很轻松地看到整个物体而头颈又不会感到费力。请专注地凝视这个物体，并且深呼吸。暗示自己的身体越来越温暖，越来越松弛，并且注意你的胳膊和双腿怎样变得沉重起来。在你缓慢平静地吸气、呼气的同时，体会自己正在变得多么松弛，并且体会这种松弛感是怎样传遍全身的。注意当你将注意力聚集在这个物体上并且专注地凝视着它的同时，你会感觉自己变得越来越松弛。同时暗示自己，这种温暖的感觉正在增加，在凝视的同时，你正进入更深层次的催眠状态。同时也注意，你的眼睑也开始变得松弛，变得沉重起来，你继续呼吸，吸气、呼气，随之，你感到张开眼睑变得越来越困难，眼皮几乎睁不开了。在你坚持凝视物体的时候，舒适的松弛感在向你的全身传播。继续凝视并保持这种呼吸，直到你完全闭上眼睛，感觉自己极度松弛和舒适。

3. 手持物体法

使用这种方式的时候，你手中拿着一个如硬币一样的小物体，胳膊抬到面前，将注意力集中在拇指的指甲上，并凝视它。之后，暗示自己正变得越来越放松，当你的胳膊、手和手指变得松弛的时候，手指就会自然张开。再一次暗示自己当手指更加松弛时，它们会张开并放开硬币，让它落下，这说明自己已经进入深度催眠状态。不断重复这些话语，感觉自己的手对硬币的抓握正变得越来越松，直到手指松开，慢慢地放开硬币。当硬币跌落的时候，你会闭上双眼，进入催眠恍惚状态。你的胳膊会轻轻地落到身边，你感觉越来越松弛，逐渐进入到更深的催眠状态。

4. 楼梯想象法

想象自己在楼梯间的最上方。闭上双眼，看见自己正缓慢地逐级地走下楼梯。想象中可以是任何一种楼梯，但必须保证该楼梯没有消极的影响。要数自己缓慢地走下的各级楼梯，并一直观察自己，并暗示随着你缓慢地走下楼梯，你会感觉越来越松弛，并逐渐地进入更深层次的催眠状态。想象当你到达楼梯底部时，你会感到完全松弛并进入深度催眠状态。

5. 风景意象法

想象自己来到了一个美丽的、让人感觉非常舒适的地方，它可能是海滩、小树林、草地、你最喜爱的公园或者是河滨。和前面介绍的练习相同，想象你在逐渐放松。你可以在心里慢慢地从 1 数到 10，每数到一个数字，你都能看到自己在想象中所看到的新的细节。你对周围的景色变得全神贯注。暗示自己已经变得松弛，随着数数的进行以及新景象的不断出现，你逐渐进入到更深层次的催眠状态。

在自我诱导结束之后，你就会感到非常松弛，双眼紧闭，进入到中度催眠状态。

自我催眠的再唤醒与深化

一旦进入催眠状态，接下来就要深化催眠，然后对潜意识施加暗示。我们将对这两个步骤做简要的讨论，但是，在接受暗示之前，你还是有必要练习如何进入和退出催眠状态，所以我们首先要谈谈再唤醒。

自我催眠的再唤醒

从学术角度看，就算离开催眠状态之后，你并没有被再唤醒，因为你本来就没有睡着。但是，“唤醒”与“再唤醒”是催眠学中常用的语汇。再唤醒是一个简单的步骤。如果你用定时器，则只需要告诉自己，当定时器报告时间到了的时候就要准备起来并慢慢醒来或恢复平常的知觉，或当你从 1 数到 10 后就会醒来，感到身心放松。而在没有定时器时，也同样暗示自己从 1 慢慢数到 10（或任何其他数字），同时逐渐平静地从催眠中恢复，并暗示当数到 10 的时候，你醒来并且头脑十分清醒。

如果你采用楼梯或其他的诱导方式，那么你可以想象自己重新登上了楼梯（或走下楼梯，视情况而定），你要暗示自己，当重新走上楼梯时你将缓慢地从催眠中清醒过来，而当到达楼梯的上端后，你会完全恢复、精神抖擞。

自我催眠的深化

在进入催眠状态之后，就要深化催眠。深化催眠并不是件奇特的事情。通常说来，催眠的层次越深，暗示的效果就越好。好的催眠深化方式往往能借助周围的环境。虽然你会尽量找安静的地方进行自我催眠，但是没有一点噪音是不太可能达到的要求，在催眠状态下你可能会听到飞机声、车辆来往或邻家的狗叫的声音，等等。这些噪音并不完全是阻碍催眠的东西，相反它们可以被用来帮助增加自我催眠的深度。暗示自己当每次听到飞机飞过，或每次狗叫的时候，你将会进入更深层次的催眠状态。这种深化方式影响力会非常大。虽然大部分催眠的意图能在相对较浅的催眠状态下就可以实现，但是深化催眠可以让你了解不同催眠层次之间的差异，从而使你能更好地体验催眠状态。而你对自己催眠状态的感觉越熟悉，自我催眠的能力也就变得越强。

深化催眠和催眠诱导的方法很相似。数数字就是个大家熟悉的例子，暗示自己每数到一个数字，你将进入更深层次的催眠状态。还比如说楼梯，你可以在开始攀登或走下新的一层楼梯，每走一步暗示自己催眠的层次正变得越来越深。

第三章

触手可及的自我催眠练习

快速自我催眠法

快速自我催眠法是一个非常简便有效的方法，几乎适用于任何人。自我催眠是一种非常美妙的能力，只要通过不断的练习就能达到越来越好的效果。有时候，常常练习自我催眠的人只要闭上眼睛，试着让自己安静下来，全身心进行放松，就能立即进入很舒适的状态。与此同时，再快速进行积极的自我暗示，就能够顺利进入催眠状态。

快速自我催眠法需要选择一处比较安静、不被打扰的地方，尽量选择舒适、温馨、有利于放松心情的环境，这样就能让人自然而然地感到轻松、舒适和安全。快速自我催眠法往往可以在会议或考试开始之前运用，只要你能找到不被打扰的角落就可以。

快速自我催眠法在具体操作时，要先做几个深呼吸，让自己完全平静下来。尽量保持每次呼吸时，都要深沉而平缓地吸气，充分地吐气，静静地感受自己小腹的起伏。外界发生的事情都与自己无关，自己此时只沉浸在一个人的世界里。

暗示语可以参考这里："好，现在我缓缓地舒展一下身体……找一个舒适的姿势坐好……做几个深呼吸……深深的深呼吸……慢慢地闭上眼睛……慢慢地闭上眼睛以后，继续缓慢地呼吸……呼吸……呼吸……心情随着缓慢的呼吸渐渐地平静……非常平静……非常舒适……现在，开始数……1，心情渐渐地平静……2，渐渐地平静……3，非常平静……4，心情随着缓慢的呼吸渐渐地平静……5，心情渐渐地平静，非常平静……6，现在心情非常平静，感觉非常舒适……7，越来越平静，越来越舒适……8，越来越平静，越来越舒适……

"慢慢地从 1 数到 20，每隔 5 秒钟数一次，每数一个数字，身体就会更加放松，心就会更宁静，等数到 20 的时候，我就会进入非常舒适的催眠状态。数数中如出现错误，可以重新再数一次，一直数到 20 为止。

"数数的时候要注意，不要太着急，每隔 3 秒或 3 秒以上往上数，而且需要数得非常有规律，既集中精力，又保持心灵的敏感、警觉，每个数字都要清晰地数，仿佛每数一个数字，就会沉浸于更深的意识状态。在数到 20 以后，基本上就能进入舒适、美妙的催眠状态了。"

这时，就可以根据每个人不同的需要，进行快速而且积极的自我暗示了。在这个方法里，最常用的暗示语是“每天，我在各方面都会越来越好”。也可以暗示自己能够早睡早起、成绩能够快速提高、考试能够不紧张、面试能够顺利通过、恋爱能够甜蜜下去、业绩能够圆满达标、工作能够顺利完成、梦想目标也能够尽快达成，等等。

在清醒过来之前，还可以暗示自己从此时此刻开始，精力会更充沛，心情也会更舒畅，然后从 20 数到 1，引导自己完全清醒过来。也可以事先写好唤醒语，加深记忆。

对于一些初次尝试自我催眠的人来说，需要反复使用这个方法，即使在一开始觉得心情很乱很糟，很难沉静下来，或者很容易就进入了睡眠状态而不是催眠状态，但你也一定要坚持下去。经过多次的运用和体察，你就会越来越熟练。当你能够顺利进入状态，并能随心所欲驾驭自我催眠的时候，才可以帮助别人进行催眠，否则只会弄巧成拙，费力不讨好。

放松法自我催眠

放松法算是自我催眠最舒适的一种方法，它适用于那些平时压力比较大的人群。放松法最好是采用躺着的姿势，而且不要忘记在身上盖一块薄毯。房间的空气要流通，光线不要太强，温度适宜，躺下之前先将皮带等束身的东西解开。

运用放松法时，首先要做几个深呼吸，以让自己完全平静下来。必须明确做什么，并只能设计一个解决目标。记清放松的每个步骤和方法。一开始可以想象着有一股暖流从头顶流下来，缓慢而舒适地流下来，流遍全身，这时你可以这样对自己说：

“暖流缓慢而舒适地流过我的头顶，让我的头皮很放松……头盖骨也放松……这股缓慢而舒适的暖流流过眉毛，让眉毛附近的肌肉很放松……让耳朵附近的肌肉很放松……让鼻子很放松……鼻子周围的肌肉也很放松……

“暖流缓慢而舒适地流过脸颊附近的肌肉……放松我的嘴巴……包括嘴巴周围的每一块肌肉，确定我的牙齿没有紧闭在一起，继续放松我的下巴……让下巴的肌肉很放松……下巴平时承担了吃饭、咀嚼、说话的压力，现在就把它彻底地放松下来吧……整个头部都沉浸在这股暖流里，温暖而舒适的暖流，让头部如此的放松，安静……

“暖流继续缓慢而舒适地流过脖子……放松了喉咙附近的肌肉……暖流流过肩膀……肩膀平常承受了太多的紧张、压力与重任，现在，就把它们都彻底地释放掉吧……我能感觉到双肩完全地松弛下来，好轻松，好轻松……好，继续放松……

“暖流流过左手……流过右手……流过左手、右手……到前臂、到手腕……到手掌……一直流到每一个手指，完全沉浸在这股暖流里，如此放松、温暖……十个手指头都完全地放松……我的整个手臂都完全放松了……

“暖流继续流过胸部，让胸部的骨头、肌肉都放松了……暖流流过背部，让脊椎与背部肌肉都放松了……暖流缓慢而舒适地流过腹部的肌肉，毫不费力，然后呼吸会更加深沉、更加轻松……这种放松的感觉一直向下到我的胃部，我的胃部非常的健康，非常的舒服……

“这股暖流流过左腿……流过右腿……让腿上的肌肉一股一股地放松……这舒适的暖流一直流到脚踝上、脚掌上，流到每一个脚指头上，非常舒适、非常温暖、非常宁静……继续保持深呼吸，每一次呼吸的时候，都会感觉到自己更加放松、更加舒适……现在，我的身体都完全地放松了，我会感觉到非常的舒服……”

“一点一点地，就进入到非常舒适、非常放松的催眠状态里，整个人就像一个大大的棉花糖，像一朵轻松舒展的白云，是那么轻松……那么自在……整个人就这样进入这样放松、美妙的状态里……已经进入催眠状态了……”

放松法需要你真切地关注自己身体的感觉。有些人会觉得这样很难做到放松，那么你可以简单地想象一架心灵的扫描仪把自己从头到脚扫描了一遍，看看自己还有哪里没有放松，那么就都让它完全地松弛下来。对于那些不容易放松的部位，你可以对自己多暗示几次，充分放松之后，再进行催眠状态下积极的暗示。等到催眠快要结束时，再暗示自己“当我足够放松的时候，我就会自动醒来，醒来以后我的身体变得越来越好，越来越轻松，甚至所有的不良的状况都消失了”。

如果你确实觉得自己的身体很难做到放松，也想象不出来有一股暖流在自己的身上流过，那么，你可以试着在开始自我催眠之前先用放松法，让自己尽可能地先放松下来，变得舒适起来，具体步骤如下：

握紧你的拳头，再慢慢地松开；

握紧你的拳头，将拳头举到肩膀，再握紧，再慢慢地松开；

抬起你的脸，眼睛向上面看，舌头向上顶，再慢慢地松开；

收缩你的脖子，肩膀耸起来，再慢慢地、用力地放下肩膀；

深呼吸：吸气到肺部，让胸腹部慢慢地放松，继续深深地呼吸；

尽量向前伸你的脚，脚尖下压，再慢慢地放松腿部；

尽量向前伸你的脚，脚尖上翘，再慢慢地放松腿部；

最后让自己的全身松弛。

放松法可以让你全身的肌肉都快速松弛下来。你可以进行反复练习，直到身体感觉松弛、舒适，甚至有一点疲倦、松软、慵懒的感觉，然后再进行暖流想象，相信经过这些放松练习后，你就能顺利地进入到催眠状态中。

需要指出的是，有一些自我催眠者第一次做这样的练习时，因为他们很久都没有关注过自己身体的感觉，所以在放松的时候就出现了头痛、胳膊疼、腿疼等一些不舒服的感觉。不要担心，多练习几次就会变好，这其实是你平时缺少锻炼的表现，你的身体是在提醒你该好好休息了。

温暖法自我催眠

人之所以感受到温暖是血管扩张的结果，通过调节肌肉毛细血管的血液运行使血流增加，就可以产生温暖感，温暖有解除人身心紧张的效果。

温暖法通常是这样进行的，首先做几个深呼吸，让自己可以完全平静下来。然后想象自己浸在温热的泉水里或者是在温暖的阳光下，然后逐渐地产生一种温暖的感觉，注意语气一定要缓慢柔和，语调要尽量慢一些。

温暖法可以参考下面的这段引导示例进行发挥：

“好，现在，我可以找一个自己认为最舒适的姿势坐好或者仰卧下来……慢慢地调整一下身体的姿势……慢慢地调整……现在，慢慢地做几个深呼吸……慢慢地吸气……慢慢地呼气……慢慢地……吸气……呼气……慢慢地闭上眼睛……在缓慢的呼吸中……慢慢地闭上眼睛……心情会变得越来越平静……越来越平静……好……在缓慢的呼吸中……心情会变得越来越平静……越来越平静……心情越来越平静……好，闭上眼睛……享受这份平静……闭上眼睛……感受这份平静……

“现在，在缓慢的呼吸中，请把注意力放在我的右胳膊上……对，在缓慢的呼吸中，把注意力放在右胳膊上……注意力放在右胳膊上……请想象……想象我的右胳膊很温暖……很温暖……非常温暖……想象右胳膊非常温暖……就像浸在了温热的泉水里……温热的泉水里……泉水很温暖……很温暖……

“右胳膊就像是浸在了温热的泉水里……非常温暖……非常舒服……请想象右胳膊浸在了温热的泉水里……非常温暖……非常舒服……右胳膊很温暖……很舒服……就像浸在了温热的泉水里……实在太舒服了……太温暖了……舒服……温暖……泉水四周都散发着热气……散发着热气……很温暖……

“随着每一次的呼吸……右胳膊越来越温暖……越来越舒

服……随着每一次的呼吸……我的右胳膊越来越温暖……越来越舒服……非常舒服……非常温暖……越来越温暖……越来越舒服……尽情浸泡着吧……浸泡着……胳膊渐渐没有力气了……没有力气了……

“右胳膊越来越温暖……越来越舒服……舒服得不能再舒服了……好，现在请在缓慢的呼吸中，把注意力放在左胳膊上……现在，继续慢慢地吸气……再慢慢地呼气……在你缓慢的呼吸中，把注意力放在左胳膊上……感觉左胳膊很温暖……很温暖……左胳膊就像是浸在了温热的泉水里……感觉很舒适……很温暖……就像浸在了温热的泉水里……感觉非常舒适……非常温暖……感觉很舒适……很舒适……

“感觉左胳膊很温暖……非常温暖……随着每一次的呼吸……左胳膊变得越来越温暖……越来越温暖……随着每一次的呼吸……左胳膊变得越来越温暖……越来越舒适……越来越温暖……越来越舒适……好……做得非常好……左胳膊很越来越温暖……就像浸在温热的泉水里……感觉非常舒适……非常温暖……没有力气了……没力了……

“左胳膊变得越来越温暖……越来越舒适……越来越温暖……越来越舒适……对……做得非常好……随着每一次的呼吸……两个胳膊都变得越来越温暖……越来越舒适……越来越温暖……越来越舒适……随着每一次的呼吸……两个胳膊变得越来越温暖……越来越舒适……就像浸在温热的泉水里……两个胳膊越来越温暖……越来越温暖……越来越温暖……感觉越来越舒适……越来越温暖……好，非常好……就是这种感觉……

"好……做得非常好……两个胳膊变得越来越温暖……越来越温暖……就像浸在温热的泉水里……好……做得非常好……两个胳膊很温暖……就像浸在温热的泉水里……随着每一次的呼吸……两侧胳膊变得越来越温暖……越来越温暖……越来越温暖……对……两个胳膊很温暖……很舒适……越来越温暖……越来越舒适……对……就这样随着每一次的呼吸……两个胳膊很温暖……越来越温暖……胳膊都非常的舒适……舒适感越来越强烈……

"好，两个胳膊很温暖……越来越温暖……越来越温暖……好，很好……继续缓慢地呼吸……慢慢地吸气……慢慢地呼气……在缓慢的呼吸中，变得更加平静……在缓慢的呼吸中，请把注意力放在右腿上……把注意力放在你的右腿上……现在，右腿会感觉很温暖……很温暖……非常温暖……呼气……感觉很舒适……吸气……感觉很温暖……

"右腿就像是浸在了温热的泉水里……感觉很温暖……很舒适……非常温暖……非常舒适……好……做得非常好……右腿感觉越来越温暖……越来越舒适……右腿就像是浸在了温热的泉水里……感觉越来越温暖……越来越舒适……右腿没力气了……没力了……

"右腿感觉很温暖……非常温暖……越来越温暖……越来越温暖……右腿就像是浸在了温热的泉水里……感觉非常温暖……非常舒适……感觉越来越温暖……越来越舒适……不想动了……不想动了……

"好，做得非常好……随着每一次的呼吸……右腿感觉很舒适……很温暖……越来越温暖……越来越舒适……随着每一次的呼吸……右腿感觉越来越温暖……越来越舒适……越来越温暖……越来越温暖……浸在了温热的泉水里……越来越温暖……

“右腿感觉很温暖……很温暖……越来越温暖……越来越温暖……感觉就像浸在了温热的泉水里……越来越温暖……越来越温暖……有点困了……困了……好，非常好……就是这种感觉……

“对……做得非常好……继续慢慢地吸气……慢慢地呼气……慢慢地吸气……慢慢地呼气吸气……呼气……呼吸时请把注意力放在你的左腿上……请把注意力放在你的左腿上……好，很好……在缓慢的呼吸中，请把注意力放在左腿上……对，把注意力放到左腿上……现在，左腿会感觉很温暖……很舒适……非常温暖……非常舒适……吸气……继续吸气……很舒适……很温暖……呼气……继续呼气……

“好，做得很好……现在，左腿感觉很温暖……很舒适……越来越温暖……越来越温暖……感觉左腿就像浸在了温热的泉水里……越来越温暖……越来越温暖……左腿就像浸在了温热的泉水里……越来越温暖……越来越温暖……舒服得没有力气了……没力了……

“随着每一次的呼吸……左腿感觉很温暖……很舒适……越来越温暖……越来越温暖……随着每一次的呼吸……左腿感觉很温暖……很舒适……越来越温暖……越来越温暖……对，感觉左腿就像浸在了温热的泉水里……越来越温暖……越来越温暖……越来越舒适……越来越舒适……

“好，做得很好……感觉双腿就像浸在了温热的泉水里……很舒适……很温暖……非常舒适……非常温暖……感觉双腿就像浸在了温热的泉水里……越来越温暖……越来越温暖……好，很好……感觉双腿很温暖……很舒适……很温暖……很舒适……好……现在感觉四肢很舒适……很温暖……很舒适……很温暖……随着每一次的呼吸……四肢感觉很温暖……很舒适……越来越温暖……越来越温暖……感受温热的泉水的四肢……很舒适……非常舒适……

“好，很好……四肢感觉越来越温暖……越来越温暖……你的四肢就像浸在了温热的泉水里……越来越温暖……越来越温暖……随着每一次呼吸……你的四肢感觉越来越温暖……越来越温暖……有点困了，想睡了……睡吧……睡吧……好，非常好……就是这种感觉……已经进入催眠状态了……

“现在……请记住这种感觉……在下一次的催眠中会有更加明显的感觉……在下一次的催眠中会更加温暖，更加舒适……好，非常好……现在，身体的感觉已经完全地正常了……完全地正常了……完完全全地正常了……好……你现在非常想睡觉，这很好，这里没有什么能干扰你，吵醒你，你也不会听到任何不相干的声音……睡吧……睡吧……20 分钟后你会自然地醒来……20 分钟后你会回到现实中来……完完全全地回到现实中来……”

等到 20 分钟后，自己就会慢慢地睁开眼睛，回到现实中来。醒来后自己就在原地，缓缓地舒展身体，慢慢地向左右摇晃几下头，非常舒服，还非常自在，这就代表着自我催眠取得了很好的效果。

静坐法自我催眠

静坐法可以说是最优雅的自我催眠法，选择一个安静、独处、温度适宜的场所，将灯光调至自己最喜欢的柔和度，甚至可以带一点浪漫的昏暗，放上自己喜欢的音乐，点上喜欢的熏香，找一个温暖舒适的沙发或椅子，总之，就是要宠爱你自己。在这样的情境中，使自己进入催眠状态，真可谓是优雅动人的行为。凡每天练习此法的人，无不感到轻松自在，心态平和。

静坐自我催眠法是可以随时随地使用的，能够很好地提高注意力，提高各个感官的感受能力，几乎适合所有的人。

静坐法，顾名思义，当然是要采取坐姿，选择一个自己觉得最为舒适的姿势，双脚自然地放在地面上，双手自然地放在自己的大腿上，背部自然地靠在椅背或沙发上。保持这个舒服的姿势，开始积极地进行催眠暗示。

静坐法通常可以这样进行：只是静静地坐着，静静地感受自己的呼吸……静静地坐着……静静地感受自己的呼吸……随着每一次的呼吸，整个人变得越来越平静、安宁、祥和……变得越来越平静……越来越平静……一边深深地呼吸，一边默默地数数，从1数到100，越数越慢，越数越平静，直到你觉得整个人就只有呼吸的感觉，只有气流流过鼻孔、鼻腔、气管、肺部的感觉……随着数字的增加，人越来越放松，越来越平静……自然而然地进入催眠状态……

1，心情变得越来越平静……2，心情变得越来越平静，感觉越来越舒适……3，越来越平静，越来越舒适……4，现在，心情非常平静，随着每一次的呼吸，心情变得越来越平静……5，随着每一次的呼吸，心情变得越来越平静……6，现在，心情非常平静，非常舒适……7，静静地感受自己的呼吸，心情变得越来越平静……8，静静地呼吸，越来越平静……9，静静地呼吸，随着每一次的呼吸，心情越来越平静……10，越来越平静……11，非常平静……12，非常平静……13，越来越平静……14，平静……15，呼吸，呼吸……继续呼吸……16，一切变得那么祥和……祥和……17，感觉越来越舒服……越来越舒服……

逐渐地，你会忘记自己数到哪个数字了，好像全世界就只剩下那种静静呼吸的感觉而已。在这时候，你已进入非常安静、非常轻松、非常舒适的催眠状态了。学会了这种静坐技术，将使你远离浮躁，变得平静起来。

静坐法一定要多次练习，其最关键之处在于如何把注意力完全集中在呼吸上，静静地、细致地感受那些气流的进进出出。刚开始，你很可能会觉得自己的头脑中有一些纷扰的念头，不用担心，随着你注意力的慢慢集中，这些念头都会自然消失。数数的时候，开始可以较快，到后来逐渐随着呼吸的节奏会自然放慢速度。如果你觉得自己仍然很难集中注意力，也可以轻轻地发出声音数，随着呼吸的节奏，自己的声音也就会自然地变轻、变柔、变弱，最后自然就会转为心里数数。用自己的潜意识来控制自己，让自己平静下来，然后进入很舒服、很放松的状态中去。

多次练习之后，这个方法肯定能带领你进入比较深的催眠状态，内心会浮现一些非常美妙的意象。不过，在进行静坐的练习时，最好能有催眠师给出的指导和建议，以免自己走入误区或者长时间都进入不了状态。

沉重法自我催眠

当我们的肢体完全松弛之后，肢体本身的重量自然也就会体现出来。这里所说的沉重感其实就是肢体肌肉完全松弛以后的那种感觉，而并非是疲劳时感到的那种酸重感。所以，当你在进行自我催眠时，使自己放松下来就好，肢体完全松弛之后自然就会产生那种美妙的沉重感觉。自己反复进行暗示，从胳膊到腿，从腿到四肢，使其处于一种沉重状态，就能很快被催眠，现在，请尽情享受吧。

沉重法自我催眠一般是从优势手那一侧开始，我们是以右利人（“利”指自己惯用哪一只手）为例的。现在，就让我们来到一个适当的环境，参考下面的引导示例来开始自我催眠。

“好，现在请缓缓地舒展一下身体……找一个舒适的姿势坐好或者躺好……做几个深呼吸……慢慢地闭上眼睛……闭上眼睛以后，继续缓慢地呼吸……呼吸……呼吸……心情随着缓慢的呼吸，渐渐地平静……非常平静……非常舒适……在呼吸时，把注意力放在右胳膊上……好，继续呼吸，把注意力放在右胳膊上……好，很好……现在，发挥我的想象力……想象右胳膊就像是一块正在吸水的海绵……对，想象右胳膊就是一块正在吸水的海绵……在不断地吸着水……就像是一块正在吸水的海绵……在不断地吸着水……不断地吸着水……渐渐地……水越浸越多，右胳膊也变得越来越重……海绵还在继续吸水……继续吸水……水越吸越多……越吸越多……右胳膊变得很沉重……越来越沉重……越来越沉重……

“右胳膊就像一块浸满了水的海绵……软塌塌的……很沉重……非常沉重……右胳膊就像一块浸了水的海绵，越浸越多……软塌塌的……越来越重……渐渐地……觉得右胳膊越来越重……越来越向下沉……对，越来越向下沉……右胳膊越来越重……越来越重……越来越向下沉……好，很好……随着每一次的呼吸……右胳膊变得越来越重……越来越向下沉，右胳膊变得越来越重……越来越重……真的变重了……变得很沉重……非常沉重……右胳膊已经处于很饱满的状态……很沉重……很沉重……

“随着每一次的呼吸……右胳膊变得越来越重……越来越重……越来越重……越来越向下沉……好……继续下沉……下沉……现在把注意力放在左胳膊上……注意力到左胳膊上……继续呼气……吸气……

“随着缓慢的呼吸，心情变得越来越平静……越来越平静……在呼吸时，把注意力放在左胳膊上……把注意力放在左胳膊上……好，现在发挥想象力……想象左胳膊就像一块正在吸水的海绵……正在吸水的海绵……水越吸越多……越吸越多……

“想象左胳膊就是一块正在吸水的海绵……渐渐地……水越吸越多……越吸越多……水渐渐地越吸越多……越吸越多……变得软塌塌的……很沉重……非常沉重……左胳膊就像一块浸了水的海绵……软塌塌的……很沉重……非常沉重……还在不断地吸

水……不断地吸水……水越吸越多……越吸越多……

“感觉左胳膊变得越来越重……越来越向下沉……对，就是这样……下沉……左胳膊变得越来越重……越来越重……越来越向下沉……随着每一次的呼吸……左胳膊变得越来越重……越来越重……越来越向下沉……左胳膊真的变重了……变得很沉重……很沉重……非常沉重……真的变重了……很沉重……很沉重……非常沉重……左胳膊正在一点一点下沉……一点一点下沉……

“左胳膊就像一块浸满了水的海绵很沉重……很沉重……非常沉重……就像一块浸满了水的海绵……软塌塌的……很沉重……非常沉重……越来越往下沉……越来越重……越来越向下沉……好，吸气……呼气……继续吸气……继续呼气……

“随着缓慢的呼吸，心情变得越来越平静……越来越平静……在呼吸时，把注意力放在左腿上……想象左腿就像是一块正在吸水的海绵……一块正在吸水的海绵……在不断地吸水……想象左腿就像是一块正在吸水的海绵……正在吸水的海绵……在不断地吸水……不断地吸水……越吸越多……渐渐地……水越吸越多……越吸越多……

“左腿就像一块浸满了水的海绵，软塌塌的……越来越重……越来越向下沉……就像一块浸了水的海绵软塌塌的……越来越重……越来越向下沉……觉得左腿变得越来越重……越来越重……非常沉重……越来越向下沉……好，很好……随着每一次的呼吸……左腿越来越重……越来越向下沉……就这样……左腿真的变重了……变得很沉重……非常沉重……左腿真的变重了……变得很沉重……非常沉重……慢慢往下沉……往下沉……

“左腿像一块浸满了水的海绵，软塌塌的……变得越来越重……越来越向下沉……软塌塌的……很沉重……非常沉重……好，呼气……吸气……

“随着每一次的呼吸……两腿都像浸满了水的海绵，变得越来越重……非常沉重……随着每一次的呼吸……两腿变得越来越重……越来越重……越来越向下沉……随着每一次的呼吸……两腿变得越来越重……越来越重……越来越向下沉……继续呼气……继续吸气……

“两腿软塌塌的，变得越来越重……非常沉重……越来越重……越来越向下沉……两腿都像浸满了水的海绵……非常沉重……越来越重……越来越向下沉……现在，感觉非常平静，非常舒适……两腿变得越来越重……越来越重……好，呼气……吸气……

“随着每一次的呼吸……四肢都像浸满了水的海绵，软塌塌的……变得越来越重……很沉重……非常沉重……随着每一次的呼吸……四肢变得越来越重……越来越重……越来越沉重……四肢都像浸满了水的海绵，软塌塌的……很沉重……越来越重……越来越向下沉……对，四肢都像浸满了水的海绵越来越沉重……越来越向下沉……现在，感觉非常平静，非常舒适……继续呼气……继续吸气……两腿都像浸满了水的海绵……非常沉重……越来越重……很舒适……舒适……

“好，记住这种感觉……在下一次，会有更加平静，更加舒适的感觉……好，非常好……现在身体的感觉完全正常了……完

全正常了……完完全全地正常了……好……请慢慢地自然地睁开眼睛……回到现实中来……回到现实中来……睁开眼睛……好，我完完全全地回到现实中来……好，我回来了。”

然后，就在原地，缓缓地舒展自己的身体，慢慢地向左右分别晃几下自己的头或者是伸伸懒腰，看看远方，你就会感觉到非常轻松，非常舒服，也非常自在。

任何人在最初体验某一种自我催眠法时，都需要一定的时间。假如你在第一次进行自我催眠的感觉并不明显，那你就更要始终保持在放松的状态，千万不要刻意强求。因为越是强迫自己去寻找某种感觉，反而可能会越紧张，这样只会适得其反。所以，一定要让自己保持放松，这正是沉重法的关键所在。肢体放松后，沉重感自然就出现了，一旦有了沉重感也就自然会下沉，这会让人感到更舒适，进入催眠状态及进行治疗也就容易多了。

心跳法自我催眠

大家都知道，通过调节并且感觉自己心跳的频率和速度可以达到缓解紧张、迅速放松的目的，自我催眠心跳法就在这种情况下应运而生了。就让我们来到一个适当的环境，采取仰卧位，细细地去体验那种内心平静时心跳的感觉吧。当然，心律不齐者要谨慎掌握催眠暗示语。现在，就让我们参考下面的引导示例开始进行。

“请舒展一下自己的身体，然后找到一个比较舒适的地方仰卧下来……好，现在做几个深呼吸……缓缓地吸气……然后，缓缓地呼气……呼气……吸气……在呼吸中慢慢闭上我的眼睛……当我闭上眼睛的时候，我就开始放松了……对……当我闭上眼睛的时候，我就开始放松了……非常放松……就这样……享受这一时刻的平静……好，闭上眼睛……开始放松……放松……

“对，很好，就这样……放松……在这一时刻，把自己的内心完全交给自己……很好……就这样……非常好……让思绪自由地在脑海中滑过……继续慢慢地吸气……慢慢地呼气……吸气……呼气……任由思绪自由地飘过……继续放松……放松……用心享受这种宁静……

“好，非常好……随着缓慢的呼吸，心情在渐渐地平静……在缓慢的呼吸中，渐渐地平静……渐渐地平静……平静……现在请按自己喜欢的速度呼吸……自由地呼吸……吸气……呼气……就这样自由呼吸……在呼吸时，会感觉到四肢很沉重……很温暖……很放松……呼气……吸气……感觉非常舒适……非常舒适……

“在呼吸时，想象我的四肢就像是浸在温水里……我就像浸在温水里的海绵……很沉重……很温暖……吸了很多水……温水越浸越多，四肢越来越温暖……越来越沉重……对，四肢就像浸满了温水的海绵……软塌塌的……非常沉重……非常柔软……非常温暖……四肢感觉很舒服……很舒服……

“好……做得非常好……就这样……四肢非常沉重……非常温暖……做得非常好……四肢都像浸满了温水的海绵……软塌塌的……非常沉重……非常温暖……非常沉重……非常温暖……非

常舒适……非常舒适……内心越来越平静……越来越平静……

“四肢就像浸满了温水的海绵……越来越沉重……越来越温暖……越来越沉重……越来越温暖……四肢越来越沉重……越来越温暖……越来越沉重……越来越温暖……好……做得很好……就这样……现在，心情很平静……越来越平静……继续感受那份温暖……感受那份舒适……呼气……吸气……

“在平静的呼吸中，把注意力放在胸膛……在那里，心脏在平稳地跳动着……平稳地跳动着……好……做得非常好……就这样……在缓慢的呼吸中，把注意力放在胸膛……在那里，心脏在平稳地跳动着……平稳地跳动着……心脏在平稳地跳动着……平稳地跳动着……呼气……吸气……心脏均匀地跳动着……跳动着……

“随着每一次平静的呼吸，缓慢的呼吸，心跳越来越轻柔……越来越平缓……这每一下平稳的心跳，都会令自己更加的平静……更加的放松……更加的舒适……好，心情很平静……越来越平静……

“渐渐地，身体进入最放松、最舒适的状态……最放松、最舒适的状态……在每一次的呼吸中，心跳都会更加的轻柔……更加的缓慢……好……做得非常好……心跳会更加轻柔……更加缓慢……在每一次的呼吸中，会感觉到心跳非常轻柔……非常缓慢……非常轻柔……非常缓慢……心跳非常轻柔……非常缓慢……非常轻柔……非常缓慢……心跳非常轻柔……非常缓慢……非常轻柔……非常缓慢……好，非常好……就是这种感觉……享受这种感觉……用心体会这种感觉……非常的舒适……

非常的轻松……

“现在，身体的感觉完全正常了……现在，身体的感觉完全正常了……完完全全地正常了……好……慢慢地睁开眼睛……慢慢地睁开眼睛……回到现实中来……慢慢地睁开眼睛，完完全全地回到现实中来……睁开眼睛……完完全全地回到现实中来……好，已经回到现实中来了……回来了……”

回到现实中后，可以缓缓地舒展一下身体，慢慢地向左右摇晃几下头，深呼吸，就会感觉既舒适又自在。

想象法自我催眠

想象法自我催眠主要适用于想象能力比较优秀的人。想象力是人类重要的能力，但是并不是每一个人都有很好的想象力，正如不是每一个人都拥有出色的体力一样。你可以根据自己的喜好，开始想象不同的场景，但最好是你曾经去过的，或者一直想去的地方，如在清晨的山顶呼吸新鲜空气、在美丽迷人的海边晒太阳，等等。尤其是当工作疲劳或压力过大的时候，最适合使用想象法进行自我催眠，只要根据自己的需要来进行想象，就可以获得美妙的催眠体验。

自我催眠想象法最好是在一个安静的、光线较暗的房间中进行。在进行之前，将身体靠在沙发上或者躺椅上，全身放松，不宜穿着过紧的服装，否则将有碍于全身放松。眼镜、领带、手表、项链、戒指等也要摘下。如果喜欢的话，也可以放一些轻柔的音乐，最好是没有歌手唱歌的自然音乐，比如钢琴曲、小提琴曲等。如果配合和想象内容有关的音乐，效果会更好。

进行想象法自我催眠，首先想象你的眼前和四周有一片云雾，在云雾的上空就是太阳。云雾代表障碍、压力、疲劳和困难，太阳代表着成功、创造和智慧的光芒。想象中的太阳最初可能会比较朦胧，以后云雾会逐渐消散，太阳渐渐变得明亮，放射出自由、幸福、美好的光芒。这同时也是暗示自己将会越来越好，身体越来越健康。自我暗示的步骤如下：

“好，现在请缓缓地舒展一下身体……找一个我觉得最为舒适的姿势坐好或者躺好……做几个深呼吸……慢慢地闭上眼睛……闭上眼睛以后，继续缓慢地呼吸……呼吸……呼吸……心情随着缓慢的呼吸渐渐地平静……非常平静………非常舒适……数3下，1、2、3，眼前出现了一片云雾，云雾在身体的周围缭绕，看见了云雾、云雾……右手的小指动一下，数3下，1、2、3……这些云雾对生活、学习等构成了障碍……它代表着不满、失败、压力、挫折、疲劳，它影响了生活……这些云雾让人感到困惑，感到为难，使自己的情绪感到不快……而现在，在这些云雾的上空，出现了太阳……出现了太阳，这太阳有一些朦胧，还有些看得不很清楚。但是它的确存在……这也让人看到了希望……太阳慢慢清晰起来……比刚才看得更清楚了一些……

“阳光逐渐变得明亮，它代表了成功、创造和智慧，我看见阳光渐渐地穿过了云雾……渐渐地穿过了云雾……云雾开始慢慢蒸发，而我自己的双肩也开始感到轻松……太阳照射云雾，强烈的阳光将云雾完全驱散了……完全驱散了……驱散了，只剩一轮红日，一轮红日……太阳光照在身上，暖洋洋的……暖洋洋的……太阳光照射进大脑中，我的大脑中也是一片光明……一片光明……把这些太阳光分别命名为‘自信力’‘集中力’‘创造力’‘成功力’以及自己所希望的名称……现在已经很清晰地看到了太阳……阳光照耀下越来越舒适……越来越温暖……

“我把太阳的光芒充分地吸收进体内，使我自己的身体里也都充满了光明，甚至开始发光……现在我数 20 下，当我数到 20 时就会自然地苏醒过来，回到现实中来，好，准备开始数……1，2……20，慢慢地睁开我的眼睛……慢慢地睁开眼睛……慢慢地回到现实中来……苏醒，好，已经醒过来了……完完全全地回到现实中来……一切恢复清醒状态……回来了……回来了……”

在进行想象法自我催眠时，必须完全集中你的注意力，不要受外界影响不断分心。虽然说有时候想象出来的图景可能会不太清晰，不过没有关系，依然可以根据一些指导性的语言来进行暗示。经过了几次自我催眠之后，有了经验，你想象出来的图像就会越来越清晰。最后，要暗示自己更加清醒、有活力地醒过来。这样关于想象的自我催眠就完全结束了。

其实，当自己学习劳累、工作疲劳或者压力过大的时候，也可以想象面前有一个巨大的水晶球或者一道温暖的白光，而你则像一块蓄电池源源不断地吸取着能量。总之，根据自己的需要进行合适的想象，让自己安静下来，就能进入很舒服、放松的状态，进行积极的自我暗示以后就能达到轻松美妙的催眠状态，最终取得好的效果。

第四篇

催眠术即学即用

第一章

远离生理疾病

不再失眠

你度过了漫长而又艰难的一天，持续 3 周的工作昨天已结束。你需要好好地睡上一晚。你躺在床上，闭上眼，但是你的大脑在思考。一个想法进入你的脑海，在它消失前另一个又来了。时间过去了。你知道你需要休息，但你无法休息，你开始害怕今晚睡眠不足，明天无法打起精神。害怕越来越强烈。你的感觉越来越清醒，睡眠又一次抛弃了你。

既然催眠法的深层次催眠状态是警觉意识和睡眠的过渡阶段，我们就会知道基本放松意念法能够帮助人从清醒顺利过渡到睡眠。如果首先清楚自己的睡眠方式，消除导致失眠的外在因素，催眠法的效果会更好。知道阻碍自己睡眠的因素之后，你可以设计一个强有力的意念法，并且长期受益。

你的睡眠方式

你的个人睡眠方式可能是下列形式之一：你可能每晚因为睡眠而痛苦焦虑长达数个小时，最后睡一会儿；上床后立即入睡，但是半夜会醒来，直到起床再也没有睡着。无论哪种情况，你在早晨起床时都感到精疲力竭，就因为睡眠的数量和质量不足。你觉得必须好好休息，这样做事才有精神，效率才会高。

无论你的睡眠方式是哪一种，它都有具体的成因。为了学会快速入睡，你必须知道自己失眠的原因。有一些重要的因素影响晚上的睡眠，这些因素是如此明显或简单，以至于你认为它们不值一提，但是它们非常重要，因为催眠法无法解决这些情况。

你晚上无法入睡是因为需要医疗照顾或专业指导。这包括你在床上时对酒精或化学药品的依赖、长期的压抑、腿的疼痛等。如果你属于其中任何一种情况，那么有必要在使用催眠法前解决这些问题。

你晚上无法入睡是因为白天服用太多的刺激物（咖啡、黑茶或任何含咖啡因的饮料）。在白天服用太多的咖啡之后，晚上不可能处于完全放松的状态。

你晚上无法入睡是因为白天的午睡。这会打乱你的睡眠清醒方式，晚上你的身体不会轻易适应睡眠。

你晚上无法入睡是因为你在睡觉前参加了令人兴奋的身体锻炼或精神活动。在跑一两里路、工作、投入的对话，或活跃的精神活动后，你无法在床上轻易地睡着。

你晚上无法入睡是因为你在心里把床与活动相联系。如果你在床上打工作电话、写报告、写信、看电视、缝纫、写年级论文、核算账簿，你的床就被认为是活动中心。你的床应该是放松的地方。把床与睡眠相联系你才能准备好高质量的睡眠。

如果你拥有上面任何一种问题或情形，你就需要采取办法解决。这是改变你睡眠方式的前提。

测验你的环境和身体状态

在使用睡眠意念法前有两处需要做出适当的改变。睡眠环境中任何干扰因素都要排除。身体中任何紧张处都要放松。通过创造有利于睡眠的气氛，你能最有效地利用睡眠意念法。

你周围的环境需要体现休息和放松。温度不能过高或过低。空气必须流通。尽可能地保持安静和黑暗，除非你发现某些声音（潮水涨落的声音）或微暗的灯光会让人舒服。考察居住的环境，找出可能干扰你的因素。有没有嘀嗒声音太大的钟？有没有可能会响的电话？如果你和他人共处一室，如果室友是一个问题，你可以用一两晚的独处来实验意念法。

你的身体需要放松。为了感觉身体是否紧张，需要躺在床上做下面的运动。从身体的某一处开始把注意力集中在某一部分（你的脚、脚指头、膝盖、大腿，等等）。当你集中在身体的某一部分时注意是否有紧张感，如果有就放松。特别注意头部、下巴、眉毛、脖子和肩膀可能太紧张。检查是否有些部位因白天过于紧张而疼痛。如果有，把注意力放在那儿，然后放松。

典型的床上独白

当你上床时你的思想开始放松，把白天的问题和事情放在一边。你在睡觉时大脑是如何思考的？思考你在床上时的思维类型。下面有 3 种你可能熟悉的独白。

数时间者："不要，早上 1 点半了。我 11 点就在床上了，现在仍然无法入眠，我怎么办呢？明天我无法工作。我会看起来精疲力竭。我将感到很糟糕。不要，现在快两点了。即使我 5 分钟内入睡我也只能睡 4 个小时了。只有 4 个小时的睡眠我无法支撑。"

悲观者："我睡不着，我完全垮了。最近一切都糟糕透了。我似乎什么都做不成，甚至睡不着觉。生活的每一件事都是那么悲观。"

安排者："我不得不想出一个办法，要不然我会陷入困境……如果我试图……我将这样对你说，你可能这样回答，'唉，没有办法，我也只能原地打转。'如果我……"

想想你属于哪种类型。许多人发现自己 3 种都是。如果你也是，这仅仅意味着你曾用 3 种不同的办法成功地让自己无法入睡。

制订计划

意念法帮助你重新设计你的精神活动方式，这样你在睡觉前会感到平静和平和，当你该休息时，你身心自在，你轻柔地进入梦乡。下列积极的建议帮助你消除床上独白。

醒着时也让自己休息。如果你是数时间者，这意味着你总是在焦虑，时间一点一滴地过去，而自己却仍无法入睡。因此，你需要不再关注时间的流逝，你需要停止看时间，而是要告诉自己你在休息，休息是睡眠的第一步。实际上你对自己说："时间不重要，胡思乱想时我也在休息，休息时我的身心自在。”这两句话将帮助你培养新的行为，使你不再是一个数时间者。

用积极取代消极。如果你认为自己是个悲观者，你会把睡眠不足当作你无法控制的又一次消极的人生经历。反之，你需要提醒自己白天发生在周围的快乐事情。可能在工作中收到了积极的反馈意见，可能因为说过或做过的事情而受到表扬，可能因为外表受到赞美，或得到某个人的邀请，很明显他对你的公司很感兴趣，并高度评价。别再关注使你无助的事情。你不再悲观，并练习下面肯定的话：“今天发生了一些快乐的事情。明天会有更多的积极事情。”这个新的想法将帮助你确立新的行为，使你不再是一个悲观者。

晚上时间与睡觉时间没有联系。如果你是一个安排者，则需要把你的问题丢在一边。不管它们是真实或是想象的，都留到白天去处理。如果你是一名安排者，对自己重复下面的话：“晚上我会把问题放在一边。我会在更好的时候处理它们。”同样，这个新想法帮助你确立新的行为，使你从现在起不再是个安排者。

现在从上面的建议中选择合适自己的积极建议，然后写下来。这是你新行为的协议。在催眠法中你会看到这个协议。你将把这些积极的建议融入到你的潜意识中去。你不再告诉自己生活是多么消极。你不再认为自己是受害者。写下新的行为方式，然后再有意识或无意识地运用它。

总体意念法

现在停留在你想象的地方，除了这个地方，你无其他地方可去，也无事可做。仅仅休息，仅仅让自己飘浮，飘浮在甜美的梦乡。当你飘浮时看见你的协议，看见你写的内容，看见那些积极的话语、思想和目标，看见你写的内容并知道这是真的。

你的新的、积极的想法是真的。你抛弃了消极的想法和感觉。你消除了身心、思想上的压力和紧张。在你越来越放松时，一个新的、积极的建议越来越强烈。让自己慢慢进入梦乡。当你进入到甜美的梦乡时让那些积极的建议留驻在脑海中。现在意识到自己是多么舒适、多么放松，你的头和肩都放在适当的位置，你的背被支撑着，你对周围正常的声音越来越没有感觉。当你进入梦乡时你可能感到有消极的思想或担忧出现在你的脑海，试图打扰你的睡眠，打扰你的休息。仅仅把这个想法扫起来，如打扫地上的碎屑。把这个想法或担忧放在盒子里。盒子有一个漂亮的盖儿。把这个盖儿盖在盒子上，再把盒子放在衣柜的最上一层，你可以在其他合适的时间返回来，这个时间不会与你的睡眠时间冲突。所以当这些不受欢迎的想法出现时，把它们打扫到盒子里，用盖子盖在盒子上，把盒子放在柜子的最上一层，然后顺其自然，继续进入梦乡，越来越沉。

思想回到你的积极想法和积极话语之中来。让那些思想从脑海中浮现出来，如“我是有价值的人”。让积极的想法从脑海中浮现出来。让它们飘浮，你可能看到它们慢慢后退，慢慢后退，你越来越放松，越来越困，越来越困，越来越放松。想象自己在平和的、特别的地方，感觉舒适又放松。

整晚你都睡得很香，如果醒来你只需要再一次想象那个特别的地方，然后飘浮，返回甜美的梦乡、甜美的梦乡。你的呼吸是如此轻松，你的思想也放松下来，你飘浮在甜美的梦乡，整晚无人打扰。你在计划的时间醒来，感觉精神百倍。现在无事可做，仅仅享受你的特别地方，你的特别地方是如此平和、如此放松。仅仅想象在你的特别地方是如何放松。

可能你还会体验到其他不同与精彩之处。仅仅是体验飘浮，所有的思想都在后退，飘浮在甜美的梦乡。飘浮在舒适、自在的梦乡，当你躺在床上时你的身体越来越沉，越来越放松……

晕车（船）不再烦恼

发生晕车（船）的原因有很多，不光是来自于生理方面的因素，也有来自于心理方面的因素，更多的情况下则可能是两种因素兼而有之。从生理方面来看，晕车（船）是由于耳部深处掌管方位、平衡感觉的半规管在不规则的颠簸下过度兴奋，引起自律性神经失调，对内脏造成副作用而引起的。从心理方面来看，晕车（船）则都是由于消极的心理暗示所导致的。譬如，曾听别人说乘坐长途汽车或者海轮肯定得晕，或者是在乘车（船）的时候，看到别人晕，自己也会觉得心里难受。通过催眠疗法，引起晕车（船）的身心两方面的因素都可以得到控制与矫正。只要坚持练习，就可以逐渐减少晕车（船）的次数。

他人催眠法和自我催眠法都对晕车（船）的治疗有一定帮助，下面我们来分别予以介绍。

由催眠师实施的他人催眠法通常是这样进行的，首先要将受催眠者导入催眠状态，在催眠状态中，要求受催眠者进行自我想象，想象晕车（船）时的情景。具体的暗示指导语是："你现在正在乘坐汽车，因为行驶道路不平坦的缘故，所以车子颠簸得比较厉害。你看，车子又在颠簸了……当车子颠簸的时候，你的情绪就会受到影响。同时，浓烈的汽油味更使你心里感到非常难受……你体验，体验这种晕车时的难受的感觉……"接着再对受催眠者暗示："现在你虽然非常想避免晕车，但是越是这么想晕得就越是厉害。我来帮助你，只要你按我说的去做，你就会渐渐地感到舒服起来。首先，你要深呼吸，深深地呼吸四五次……要趁车子颠簸的时候进行深呼吸，同时身体也随着车子的颠簸而摇晃。只要你这么做，你的情绪就会渐渐地稳定下来。现在，我从10倒数到1，我每倒数一个数字，你的情绪就会稳定一点，当我数到1的时候，你的情绪就会完全稳定下来，肯定是这样，绝对不会错的！好的，准备好，我开始数了，你会越来越轻松、越来越平静的，10……9……"

在数数字结束之后，催眠师应当再继续进行暗示予以强化："现在，虽然车子非常颠簸，你的身体也随之摇晃不定，但是你的心情却一点不会受到影响，而是尽情地欣赏窗外美丽迷人的景色……从此以后，你绝对不会再晕车了，你会感到乘车旅行是一种非常美妙的享受，在憧憬与向往中你也可以与身边陌生的人谈论……"

晕船的催眠治疗亦如此，只要对里面的具体词汇进行必要的改动即可。

自我催眠法的实施过程是这样的：以腹式呼吸渐渐地使心情平静下来，再进行放松法、温暖法的自我催眠标准练习，在轻松温和的气氛中渐渐进入催眠状态。然后进行想象法练习，每日实施 2 次想象法，持续数周以后，无论在生理上还是心理上，都会在潜移默化之中增加对乘车（船）眩晕的抵抗力，渐渐地就会达到克服晕车、晕船目的。除此之外，还应该加强体育锻炼，增强体质，从而更好地预防晕车、晕船状况的发生。

改善消化不良及厌食症

引起消化不良的原因有很多种，诸如经常过饿或过饱、暴饮暴食、冷热饮食混杂无序、血亏、烟酒过度、神经衰弱，等等。具体表现症状是胃酸过多、腹胀、腹痛、茶饭不香、食量减少、便秘，等等。这些问题常常让人头痛不已，然而，催眠疗法却能有助于解决这个难题。

借助催眠疗法治疗消化不良，首先要做的是找出诱发消化不良症的具体原因，因为这和进行催眠过程中的暗示语时直接相关。找到处于核心地位的病因之后，还是要先将受催眠者导入中度催眠状态，在中度催眠状态中进行暗示，这样的治疗效果会更好。

暗示可以分 3 个步骤进行。第一个步骤旨在去除疾病发生的原因。譬如，如果消化不良是由神经衰弱而引起的，那么就应当着重暗示其神经衰弱的症状消失，或是经过催眠师的治疗已经痊愈。如果是由其他原因引起的，那么就以相应的暗示指导语予以消除。这样的暗示要反复进行多次。暗示的第二步骤是对肠胃功能的肯定:“你的胃液和肠液的分泌非常旺盛，所以，你的消化能力非常强，这一点不用怀疑。”暗示的第三个步骤是对其消化能力的进一步肯定并加以激励。“由于你的消化能力已经转为正常，因此，肚子常常会有饥饿的感觉，食欲大增，消化功能非常好……”严格按照上述的三步程序进行暗示治疗，一般可以收到良好的效果。另外，在催眠状态下，要加强受催眠者的自我调节和自我控制能力，要使他发觉自己战胜疾病的关键是提高自己的自信心，而不是让受催眠者感到催眠师的力量。

较之消化不良症，厌食症病情则更加严重一些，患者常常是无法进食，一吃下去就要呕吐出来。由于无法获取能量，患者通常会是面黄肌瘦、精神不振，身体各种机能都受到很大的影响。对于厌食症的催眠疗法一般也是分为3个步骤：第一个步骤，暗示——暗示其有饥饿感；第二个步骤，回忆——回忆在未发病时，吃美味菜肴时的快乐情景；第三个步骤，幻想——幻想面对美食垂涎欲滴的情景。有催眠师曾经用催眠疗法为一位严重的厌食症患者彻底治愈了病症，解除了痛苦。这位患者是一个跳高运动员，平时食欲非常好。因为总是担心发胖影响跳高成绩的提高，故而节食减肥。谁料，事与愿违，不久便得了厌食症。她辗转各大医院都未能缓解病状，只得靠注射葡萄糖和吃水果来维持生命。后来经人介绍决定接受催眠治疗。催眠师先是进入她的潜意识领域，详细了解病情后，逐渐纠正她潜意识中的较为偏激的观念，从而达到治愈的目的。

在深度催眠状态中，催眠师首先对这位运动员进行饥饿暗示，并描述了味美可口、佳肴珍馐的宴会情景。然后，再反复下指令要求她回忆以前每次运动之后，津津有味地聚餐的场面。与此同时，给予她强有力的直接暗示："现在就想吃了，你的肚子已经很饿、很饿了，现在特别想吃，马上就吃吧。"这位运动员按照催眠师的指令，毫不犹豫地吃起饭来，脸上同时洋溢着喜悦与享受的表情。

接下来，催眠师又暗示道："事实已经证明，你是想吃饭的，也能够吃饭，因此，今后你也不会有厌食的表现了。醒来以后，你能像平时一样正常地吃饭，你的厌食症已经完全治愈了。"催眠结束以后，这位运动员果然康复如初，再也没有厌食过。

缓解脱发

头发对于每个人都有着非常重要的作用，它直接关系到我们的仪表、头部的健康。正常人从出生到成年，一般可以生长 100 万根头发。在正常情况下，每人每日可脱落 60 ~ 80 根头发，梳头和洗头的时候常出现较多的脱发，这是因为已处于休止期。尚未脱落的头发受到牵拉而脱落，但是如果一个人每天脱落的头发超过 100 根，从而引起头发稀疏，那就是一种病态了。引起脱发的原因有多方面，有生理性的、有病理性的，也有心理性的。得了这种病虽然并无肉体痛苦，但精神上的压力与痛苦却叫人难以忍受。

随着社会的发展和人们生活、工作和学习节奏的加快，人们承受的生理压力、心理压力日益加重，人群中脱发的发病率也是越来越高。对于患有脱发症的人来说，找到自己脱发的原因，才能更好地去治疗。导致脱发的直接诱因通常有以下几方面：

精神因素

精神上的紧张、不安、忧郁、烦躁、恐惧等均能导致神经功能紊乱，使毛细血管持续处于收缩状态，毛囊得不到相应的血液供应，最终导致头发的脱落。

饮食因素

动物类食品为人体合成适量的雄性激素提供了必要的条件。而雄性激素如果分泌过多，就会促使人的皮脂腺分泌旺盛，这个时候正常人的头皮上存在的一种噬脂性真菌就会大量繁殖，该真菌在获取营养和排放代谢产物的过程中可刺激头皮一级毛囊，形成慢性炎症，使毛囊逐渐萎缩，生成功能逐渐衰退。因此，合理的饮食既有助于头发的生长，又有助于身体的健康。

洗涤不当

对于脂溢性脱发患者来说，头皮皮脂的积聚会对皮脂的分泌形成一种负压，从而减慢其分泌的速度。如果这个时候还频繁地洗头，再加上洗涤用品的刺激，在一定程度上会导致或加重脱发的发生。细心呵护头发可预防脱发。在头发处于湿润状态时，头发更加脆弱，所以一定要正确洗涤，还有，现在非常流行对头发染、烫，这样都会损害头发。

其他原因

脱发在秋冬季节发病率比较高，可能与气候干燥直接影响皮脂腺的分泌，影响到人们的心理状态有关。

对于患有脱发症的人来说，催眠疗法或许是一种不错选择。

由于脱发症是一种自身免疫性疾病，催眠也有助于身体一些免疫系统的改善，以此达到治疗的功效。催眠有助于患者精神的镇定和安康，从而促进药物对脱发的疗效。多数催眠专家认为，催眠有助于血液在脑部和大脑皮层内的循环，从而促进脱发部分的头皮得到滋养而重新恢复活力。

治疗脱发的催眠过程是这样的：

让病人采取卧位或坐位，使其进入催眠状态，在催眠状态下的暗示语为：“你已经进入了非常舒适的催眠状态，现在，你的心情非常平静，非常舒畅。脱发一般是由精神紧张造成的，精神突然紧张或者长期紧张，就会造成植物功能失调，使头皮和头发供血发生障碍，如果头皮的某一部位影响特别严重，就会引起该部位突然脱发。因此只要心情舒畅，自主神经功能障碍就会排除，这样，脱掉的毛发就会再生。现在，你的心情非常舒畅，你一定要永远保持心情舒畅。你现在的自主神经功能已经增强，脱发部位毛囊内的营养已经改善，不久头发就会慢慢地长出来。要注意放松，全身心地放松，催眠会帮你增强免疫力，让你的毛孔缩小而不易掉发。

“你要坚信，也一定要记住，你脱发部位的头发必定会逐渐地长出来。为了加速头发的生长，我现在开始按摩你脱发的部位，在按摩的时候，你会感觉你的头皮逐渐发热，这样局部血液循环就会迅速改善，就会有力地促进头发的再生，以后你就不会再脱发了。”

然后，催眠师用食指指腹由轻到重、由慢到快反复按摩、揉擦脱发部位，直至病人被按摩、揉擦的部位有了明显的热感为止。注意，催眠师力度的掌控以受催眠者舒适为准。

“现在，你已经明显地感到被按摩部位的头皮发热，这种发热的感觉会始终保持下去，即使你从催眠状态醒来以后，只要你注意和体验，这种温热舒适的感觉还同样会存在。肯定会存在，也就是说，你脱发部位头皮血液会始终非常流通。现在你脱发的病因已经消除，脱发用不了多长时间就会彻底地治愈，那时你的头发就会非常浓密，以后再也不会脱发了。”

之后，唤醒病人，解除催眠状态。催眠治疗应当每周或每10天进行一次，通常需要进行5 ~ 10次。一般情况下，脱发如果没有遗传方面的原因，3个月以后就可以长出粗黑的头发。除了催眠治疗以外，保持适当的运动量，经常进行深呼吸、散步、做松弛体操等，消除当天的精神疲劳，头发也会光泽乌黑，充满生命力。

解决口吃

口吃，俗称结巴，是指讲话不流畅、阻塞、重复。口吃是一种比较常见的言语障碍，主要表现在发音器官的痉挛或者强直。发音器官肌肉本身在静止状态时并无张力异常，而在发音初始或者在发音的过程中出现痉挛或者强直，以致发生音节重复或者发音停顿。口吃的原因可能是环境影响或遗传因素，或者由于两者的交互作用。在某些环境下，口吃者感到非常困窘和丢脸，严重的话还有可能会引起绝望、羞辱、自卑、沮丧的思想，甚至有时候还会有自我仇视。

口吃不仅表现在发音器官的活动不灵上，并且通常伴有呼吸节律失调和血管舒缩运动的异常。呼吸节律失调和血管运动的异常只是口吃的伴随症状，而非口吃发作的诱因。虽然说生活中常见过度呼吸时会诱发口吃，但是那只是暂时的现象。口吃患者发音前并没有过度的呼吸，但是一开始发音则出现了呼吸节律失调。口吃患者的发音器官并没有器质性改变，而与心理因素的关系非常大。治疗的时候应该把解除心理矛盾放在第一位，然后才是口语的训练与过度呼吸的调整。催眠术能够有助于抑制口吃患者不正常的兴奋，并解除压抑的心理矛盾，以更平静和放松的方式进行交流。

口吃的催眠治疗方法是：第一，先在清醒的状态下进行简易精神疗法，让患者与催眠师相互了解，彼此互相信赖，缓解受催眠者的不良心理状态反应。

第二，当催眠到一定深度的时候，进行精神分析，找出患者口吃的心理原因，并通过暗示使患者正确认识这一矛盾，从而树立起治愈的信心。

第三，进行语言与呼吸的调整训练。放松练习可以帮助患者降低或消除他们所体会到的紧张。当催眠师说出某一句话让患者学说的时候，其能表现出异常的语言持续性和完整性，呼吸也很平稳。催眠师应从实物的描述开始进行上述训练。例如，催眠师让患者学说“大海是深蓝色的，波涛滚滚而来”这句话时，先暗示患者深吸一口气，然后缓缓地将这句话说完，一口气说完，等熟练以后再暗示其加快速度。就像这样吸气，说话，再吸气，再说话，反复地进行训练。说话内容由形象的描述到抽象的叙述，句子由短到长，最后是一段情节的描述。在催眠状态下，患者都能流利地完成催眠师要他说的内容。

第四，苏醒法。深度催眠状态中，同样可以利用后催眠暗示来加以强化。有时用一般鼓励性的暗示也非常有效。例如："你以后说话时，每说一句话前，都要先缓缓地吸一口气，只要注意调整好呼吸，就能像现在这样很好地说话。"这是将患者说话时过分注意语言或好面子、怕笑话的心理转移到了呼吸上面，这是一个很好的转移暗示，只要患者能够按照要求做，就有助于治愈口吃。

远离皮肤疾病

青春痘（即寻常性痤疮）是皮肤皮脂腺的一种炎症状况。它由皮肤表面红色隆起的区域组成，其后可以发展为脓疱，甚至发展成可造成疤痕的囊肿。有一些年轻人脸部患有痤疮（青春痘），他们很是苦恼，常常是治了又犯，犯了又治，总是去不了根儿。采用自我催眠和自我暗示的方法对于改善这种疾患有着一定效果。这些患"青春痘"的年轻人，每晚一定要将脸清洗干净之后再睡觉。而且在睡觉之前，应按照以前讲述自我催眠的诱导方法对自己进行催眠，同时给予自己治疗性催眠暗示语：

"我的脸部原来很干净，很舒适，我的脸部本来是很漂亮的。虽然长了几个痘痘，但是我的抗病能力很强，我自己能治好脸上的‘青春痘’。我觉得我脸部长痘的那些地方有点儿疼痛，好像越来越痛了。这是我的治病力量在与痘痘做斗争，是的，它们在做斗争。我的脸部还在疼，因为我的抗病力正在消灭那些令人讨厌的痘痘。好，现在不怎么疼了，舒服多了，只是有一点痒的感觉。越来越舒适了，很舒适了，痘痘都被消灭了。我的脸部会变得很光滑，很正常。皮肤从内到外都干干净净的，感觉很好，很清爽，很舒适。”

临床心理学家曾经对自我催眠暗示治疗痤疮的病例进行了研究，结果发现了一些很有意思的现象：如果一组病人只对自己做一些良好结果的暗示，也就是说只暗示自己的痤疮消失了，脸部变得光滑了，细腻了，等等；而另一组病人则再加以抗病力与疾病力做斗争时的感觉，例如会觉得有点儿疼痛，有些痒等具体的感觉与体验，那么，第二组的治疗效果就明显好于第一组。

用催眠术辅助治疗皮肤病是医生特别感兴趣的问题，因为皮肤病通常是多种病因作用的结果。虽然绝大多数都是以身体方面的病因为主，但是特殊的心理状态，例如紧张、恐惧，在激发或增强某种发病条件方面也常可起到关键的作用。所以，如果熟知青春痘的根本病因，并真正做到辨证施治、对症下药，青春痘其实也是不难根治的。

此外，某种皮肤病的发作所要求的心理状态也可能比较局限，通过改变这种心理状态或者通过用暗示的方法引起局部生理状态的变化，皮肤的病变就可以获得较大的改善甚至完全消失。因此，像痤疮、湿疹、瘙痒这些皮肤病都可以通过使用催眠术得到有效的缓解和治疗。一般坚持一周即可见效，如果能长期坚持这一方法便可控制痤疮的复发。

控制疼痛

周围是一片红杉树，6月的微风凉爽宜人，星空下在一座小山聚集着70多个人。乍一看，他们很容易被误认为是露营者，但事实不是这样的。这些人围绕在一团炭火的周围，他们天亮之前还要赶路。

这群人，以及很多其他像他们这样的人，是“走火人”——他们能进入一种状态，在温度达到600 ~ 1200℃的炭火上行走。绝大多数人不会感觉到不适。

有多种方式描述和解释了成功进行这样行走的条件，它们有一个共同特征：恍惚状态。

在加利福尼亚北部的这样一个特殊的晚上，这群人——包括学生、医药技师、退休老市民、英语教授——从火上经过、出来，在从恍惚状态恢复过来之前，在草根上擦去皮肤上的炭灰。

这种经历不是鼓励你去成为一个“走火人”，而是为了说明一个戏剧性的真实的例子，人们可以利用他们的意志来控制或者抑制疼痛感觉。

疼痛的起源

疼痛是一种引起身体痛苦的生理感觉。为了准确理解生理疼痛，这样想象：你站在人群中，你前面的人往回退，踩到你的脚趾。储存在神经末梢的多种化学物质释放出来，这些化学物质使神经末梢敏感，使疼痛信息从脚趾传到大脑。这些化学物质也增强受伤区域的循环，导致受伤区域的红肿。这种过程是一个增强恢复和抵抗细菌感染的自然反应。

疼痛信息传到脊柱，经过大脑的感觉中枢，到皮层解析疼痛感觉的位置。在这时你才会说（或者是尖叫）："噢，你踩到我的脚了！"

然后你得到一些帮助。减轻疼痛的化学物质在大脑和脊柱中释放，你脚趾的疼痛感觉似乎比刚才要轻一些。

这是受伤导致的疼痛。但是，不管刺激因素是什么，疼痛的基本过程是一致的。疼痛感觉可能来源于很多因素——从慢性疾患到衰弱疾病——但是，疼痛发生的路径是一样的，就像对它的基本反应是一样的。

疼痛的强度还与其他 4 个因素有关：你的情感、你以前对疼痛或与疼痛相关的经历、你的性格以及你对疼痛的理解。每个因素都值得简要分析。

当你因为疾病而经历疼痛时（区别于暂时疼痛，如夹到手指），焦虑和疼痛本身是密不可分的。根据你的自身情形，你的焦虑可能比疼痛本身更严重。那些遭受慢性疼痛的人往往还承受着情感和生理症状的煎熬：焦虑、压抑、食欲不振、极度疲劳和失眠。疼痛继续贯穿这些过程，结果情感作为疼痛的副产品，导致身体完全衰弱。

正如疼痛引起情感、情感也引起疼痛一样，疼痛有时也能阻止人变得好斗和充满敌意。疼痛也与愧疚联系在一起，这种愧疚可能是由于目前的行为或者是过去深藏在心底的问题。值得注意的一点是，心理起源与大多数疼痛伤害者是没有联系的。

资料显示，人们对疼痛的反应与他们在儿童时期建立的反应模式，或者民族传统是一致的。两个独立实验证实了这一点。在第一个研究中发现，兄弟姐妹多的孩子对疼痛的描述比较复杂。原因可能是兄弟姐妹多的孩子感觉他们需要将自己的不适清楚表达出来，才能得到大家的关注。

同样，人们在某种程度上会复制行为榜样对疼痛的反应方式。就像你看到别人恐惧，可以从别人那里“获得”恐惧一样，你也能从他人那里获得疼痛感觉。

如果将疼痛与一些快乐的事情联系在一起，它的严重性比与负面因素或结果联系在一起时要轻。例如，疼痛让你认为已经消失了的疾病又复发了和那只是目前康复状态的正常结果相比，前一种疼痛感觉更难以忍受。

对“二战”中受过伤的军人的研究表明，这些人与受相同伤的平民相比，需要更少的药物治疗。原因是这些军人将疼痛与回家联系在一起。

一些个人特点能促进对疼痛的敏感性。这些特点包括积极性低、自我形象差、缺少成就感和对他人有依赖性。其中的一个共有特征是控制力小。

与那些能以正常、健康积极的态度对待疼痛的人相比，具有以上特点的人容易将疼痛刺激看得更严重。以正常态度对待疼痛的人拥有平均或高于平均水平的动机，为自己的成就感到骄傲，并且相当独立。

你对疼痛所代表的意义的理解与前面所述的其他因素不是完

全分开的。但是，为了更明确地专门强调其影响，将其提出来单独阐述。

这种因素如何起作用的经典例子在研究中常被引用。“二战”期间，有一个太平洋战场上的年轻战士。当敌人以完全的火力进行扫射时，他的同伴一个接一个地倒下。突然，他被击中了，他感觉到一种刺痛，并有一股血沿着他的腿往下流。他大喊救命，然后被送到医疗站，医生发现了“受伤的”位置和“血”的来源——原来他的罐头被打中了，流了出来。

他又回到了战场。不久以后，他又受了伤。这次，他感觉头部一阵剧烈的疼痛，他把手伸到额头一摸，手指沾满了鲜血。当他第二次来到医疗站，医生发现他的面部有一些金属碎片。他们用镊子去除了金属片，包扎好，然后他又回到了战斗中。

此时，他是少数几个生存下来的战士之一。这次，飞弹在他附近爆炸，他失去了一条腿，但他什么感觉也没有。

这个战士回忆他的经历时说，他感觉到最厉害的疼痛是他的罐头被打中的时候，当他脸受轻伤的时候，疼痛要小一些，而当他失去他的腿的时候几乎完全没有疼痛。“疼痛所代表的意义造成了疼痛感觉的巨大差异。”

在这个战士的例子中，第一次爆炸意味着死亡，每个人都在这样死去，他也不例外。他预期的是灾难。此外，压力、焦虑和恐惧等各种情感因素增强了他的反应。

这个例子说明这样一个事实，心理因素在疼痛的感觉中是至关重要的。

治疗你的疼痛

你疼痛的原因主要源于以下种类：慢性疼痛；外科手术的疼痛；受伤、疾病的疼痛。

对疼痛的统计更是令人惊叹。美国有 80 万人、全世界有 1.8 亿人受到癌症疼痛的煎熬；7 亿人背部疼痛；3.6 亿人关节疼痛；2 亿人经受偏头痛的困扰。如果包括那些由于其他健康问题如痛风、坐骨神经痛和其他未知原因引起疼痛的人，数量则更多。

不管疼痛的原因是什么，你的目的是减少或消除疼痛。虽然疼痛的原因是多种多样的，但催眠治疗疼痛的结果都是一样的。

玛萨是一个 50 多岁的寡妇，因生活的压力需要再工作。她完成了作为旅行代理的训练，购买了自己的小旅行社，开始了每天 12 ~ 14 小时的忙碌。不久以后，她积极加入了美国旅行代理协会，并成为当地最有名的代理之一。8 年以后，玛萨拥有了 3 个代理分公司。她成了旅行趋势和时机的权威，经常有很多人来向她咨询旅行业务。

玛萨达到了她事业的顶峰，由于她主要负责 3 个上大学的孩子的教育，她有额外的经济负担。所有这些与背疼混合在一起。她工作越辛苦，受到压力越大，越想证明自己，疼痛越持久。她的问题出于生理上的原因，又因为紧张和持续的压力而进一步恶化。

当玛萨为她的背寻求医药治疗时，已经不能做手术了。医生给她开了一些常规性的药物，包括镇痛药和肌肉松弛药，此外，还建议她做一些锻炼。但是，当她试图用药来治疗她的疼痛时，效率很低。她决定尝试催眠疗法。

治疗师告诉她如何利用放松诱导处理压力。她在使用全面疼痛控制诱导的同时，还使用了特定疼痛控制诱导。她还增加了积极想象以增强自信。在短短的几周内，玛萨的信心增加了。她学会了放松和控制背部的肌肉，减少了她背部的疼痛以及疼痛的频率。现在，她的活动能力增强，更舒适、更满意。同样重要的是，她仍然是一个成功的经理，仍然有效地工作着。

手术带来的疼痛。催眠在手术前、手术时和手术后都起着重要作用。在手术前使用催眠治疗可以帮助你减少对麻醉和手术本身的焦虑，排除负面感觉。在手术过程中，催眠可以作为化学麻醉剂的辅助手段，有时甚至可以非常成功地用作唯一的麻醉形式。

催眠还能使积极的手术后期生活成为可能。你将感觉更放松，经历更少的痛苦和需要更少的药物。可以减少或消除像头疼、恶心和呕吐等不良反应。

厄尼是华盛顿一家餐厅的老板，他有牙疼的可怕经历。厄尼需要不断地治疗牙齿，包括口腔手术，在手术之间他都要经历一段长期的痛苦日子。一旦他坐在牙医的椅子上，焦虑和不适便加深了。并且，他对诺佛卡因（一种局部麻醉剂）反应很差，又进一步恶化了他的情况。

在绝望之下，厄尼来寻求催眠治疗。在与他进行交流之后，催眠师给他设计了一个 3 点计划：减少恐惧；能够控制形势；直接控制疼痛。厄尼采用减少恐惧和控制恐惧的暗示。他也采用了全面疼痛控制诱导和手术诱导。他的积极想象把自己带到夏威夷海滩上。他能够麻痹手术进行的区域，消除巨大恐惧。更重要的是，他能控制形势，不再感觉自己是受害者。

因为受伤或疾病带来的疼痛。不同疼痛的治疗方法之间没有严格的、明确的差异。也就是说，用于治疗慢性疼痛的方法可以整合到治疗二度烧伤的治疗中。

控制因受伤导致的疼痛的典型诱导中，要求使用积极的想象并观察疼痛经历从不适的象征（一个红色小球，像太阳一样发着光辉）转化成不再具有威胁的象征（小球逐渐变冷、变蓝直至消失）。这是一种有效消除你疼痛感觉的方法。

新泽西的一个年轻销售员拉里在一个下雨的夜晚驾车。当天的能见度非常低，当拉里来到一个很弯的道路时，发现路上有东西。当他想避开的时候，他的车翻了，他不省人事。当他醒来时，发现自己被困在车里，胃部被戳开了，正在流血。拉里以前曾用催眠来减少压力，现在他用催眠来止血。他将注意力集中在流血的区域，把它想象成正在关闭闸门，停止血流。救援人员来了之后，拉里被救护车送去治疗，他自己的努力减少了潜在的危险。

疼痛控制的特定目标

为了减少或消除你的疼痛，你需要使用下面3个基本的程序。

第一，你要转化、改变或替换你的疼痛。

第二，直接说出你的疼痛，并暗示它减弱。

第三，将你的注意力从疼痛转移开，享受安静、平和的想象。

为结果编制

上面的目标可以通过各种不同的方式实现。在治疗疼痛时使用诱导是为了帮助你以某种方式去感觉、想象和表现。当你使用诱导时，你能够做到以下几点。

感受深度放松以减少压力和焦虑。疼痛控制诱导的第一个组成部分放松诱导暗示:“想象放松你身体从头到脚的每一块肌肉。感觉任何压抑的思想都从你的脑里涌现，感觉它们正在消退，消退，放松。注意你身体感觉是多么舒适，漂浮，更深，更深……”

将疼痛转化成“可见的”形式。在全面疼痛控制的过程中，你可以将疼痛想象成某种形状或形式。这样就可以把它从含糊的、不可控制的、不可及的范畴中移出来。诱导暗示:“抓住你身体中的疼痛，赋予它某种形状或形式，想象你的疼痛是一个隧道，你可以进进出出……”

拥有疼痛并控制它。诱导继续暗示“疼痛的强度在几秒内增加”，目的是让你知道疼痛并拥有它，既然它是你的，你就能强化它并控制它。既然你能强化疼痛，你也能消除它。

诱导继续:“当你沿着隧道走的时候，会看见前面的光线。”现在通过看到隧道的末尾终止你的疼痛。诱导暗示:“每走一步，都让你远离不适。”

看见你自己已经被治愈。全面疼痛控制诱导以这样的暗示结尾:“从现在起，每次你进入和走出隧道，你将变得越来越强壮，感觉越来越好。”这个暗示编制了你的潜意识，从而使身体迅速恢复。

注意力集中在你的疼痛部位并治愈它。慢性疼痛诱导暗示，“想象发炎的疼痛部位开始变小、冷却、恢复。现在感觉不适正在流出，流出你的身体。就像凉水一样流过你的全身，你想麻木的部位……”

麻痹身体的疼痛部位。你会麻痹你的手，然后将麻木转移到身体的疼痛部位（这是所谓的“手套麻醉”）。手套麻醉暗示：“你的手现在完全麻木了，现在把你的手放到你想麻痹的部位，让麻木感从你的手流到疼痛部位，它开始变得麻木，像木头、像沉重的……”

想象并集中在积极的想象上，将注意力从疼痛转移开。放松诱导暗示：“你正处于你特定的舒适地方，你独自一人，没有任何人来打扰你。这是世界上对你最安宁的地方。想象你自己在那里，一种安宁正从你的身体里流过，你享受着这些积极的幸福感觉……”

设计疼痛控制诱导

你需要用到两个主要诱导，每个诱导包括几个不同的组成部分。第一个主要诱导在你开始感觉到与受伤或手术相关引起的疼痛时候使用。第二种诱导可以在任何时候使用，因为它能增强你的感觉，练习你对疼痛的控制。

录制在你疼痛开始发生的时候使用的第一个诱导，按照下面指示：找到最适合对抗你疼痛刺激的特定疼痛控制诱导方法。从慢性疼痛诱导、手术诱导或者伤害疾病诱导中选择。按照下面的暗示，使你的诱导个性化，并在向下诱导开始之后立即录音。

此处列举的特定诱导是作为一个模板。你应在所选择的暗示主题的基础上进行扩展，也就是说，以它为核心，在此基础上构建完整有效的催眠后诱导。你所插入或者增加的内容由你疼痛的特定来源和特点决定。在你发展自己的个性化诱导的时候，记住要用同义词加强、解释你的暗示，用连词来保持整个语言流畅，在你需要表示一个特定行为的开始或结束的时候，指定一个时间（“一会儿”“现在你将”，等等）。

1. 特定疼痛控制诱导

这里讲的是 3 个特定疼痛控制诱导，每个诱导都是为一个类型的疼痛问题设计的。但是，这些诱导方法之间没有应该使用哪一种的严格界限，如受伤、疾病。例如，如果你觉得慢性疼痛诱导更适合于你膝盖受伤后的疼痛，那么不要将自己限制到只用疾病、受伤诱导。任何诱导的目的都是满足个人的需要，如果你觉得一个诱导比另外一个诱导好，那就用那个诱导。结果比类别更为重要。

2. 慢性疼痛诱导

将注意力集中到你感觉不适的部位，现在识别疼痛，放松疼痛周围的肌肉，放松周围的所有肌肉，彻底放松周围区域。感觉肌肉放松，想象发炎的、疼痛的区域在开始变小、变凉、恢复。发炎的、疼痛的区域将变小、变凉、恢复，将感觉非常舒适、非常舒适。现在不适的感觉正从你的身体流出，你感觉它流走，流走。现在想象清凉的感觉，像凉爽的水流过，凉水流过你的那个部位，清洗走不适，清洗走你所有的不适，完全清洗干净，现在抚慰、放松那个疼痛区域，抚慰、放松那个区域，直到你感觉减轻了、放松了、能活动了。你的身体感觉正常了、恢复了、放松、能活动了。从现在起，你的潜意识将保持身体放松，免受压力。

3. 手术诱导

将你的注意力集中在你的一只手上，集中所有注意力在那只手，开始想象你的手变得麻木，想象你的手睡着了，感觉你的手是那么麻木。随着你的手变麻木，想象在你的指尖有麻木的感觉，一股暖流流过你的手。很快，这些感觉全部流出来，很快所有的感觉都流了出来，所有的感觉都流了出来，这种感觉对你来说非常舒适。现在让你的手指感觉麻木，完全麻木。让所有的感觉从你的指尖溜走，从你的指尖流到你的手腕，让它流出你的手，流出你的手，让它流出来。

你可能开始感觉手掌有一股暖流，指尖感觉到麻木，你的手开始沉重，感觉就像是木头做的，让你所有的感觉流出你的手，让你的手非常麻木、非常麻木、非常麻木。当你注意那只手麻木的时候，你开始感觉自己正在安全地、轻轻地、深深地进入完全放松的状态。释放麻木感觉，让手放松。你能感觉到麻木，非常麻木。让它感觉麻木，让它感觉麻木，现在让它感觉麻木。让这种感觉释放，释放它，让手感觉非常麻木。

将你麻木的手放到要麻木的身体部位，现在让麻木从你的手流出来，进入到你的身体。感觉你的身体在变麻木，就像木头一样，沉重、麻木、麻木、沉重，就像是木头做的一样。当所有的麻木都从手上流出来之后，把你的手放回到一个舒适的位置。当你完成的时候，让这种麻木感觉流走，让它流走，你的身体恢复正常，当你不需要麻木的时候，让它们恢复到正常。

4. 受伤、疾病诱导

将你的注意力集中在疼痛处，现在想象你的不适是一个大红球，就像太阳一样。你的不适就是一个大红球。现在想象，这个明亮的红球能量变得越来越小，想象这个球的颜色在逐渐变浅，变成柔和的粉红色，并且在缩小，尺寸在缩小。当你注视着红球变得越来越小的时候，你的不适也变得越来越少。球变得越来越小，你的不适感变得越来越轻。你感觉越来越好，在你看见球变得越来越小的时候，感觉越来越好。现在看着暗淡的粉球变得很小，很小，越来越小，注意颜色从粉白色变成蓝白色，现在它变成一个蓝色的小点，蓝色的小点，现在注意它正在消失。当它消失的时候，你感觉好多了，感觉好多了，更舒适了，你感觉更好了，更舒适了，非常舒适。你感觉完完全全舒适了。

5. 全面的疼痛控制诱导

现在赋予疼痛某种形状和形式，把它制成一个隧道状，一个你可以进出的隧道，现在想象你自己正在进入隧道。你正在进入隧道，你的疼痛在几秒内增加了，当你开始沿着隧道往前走的时候，你可以看见前面的灯光。现在，你每往前走一步，你的不适就消除一点，你往里走得越深，你的不适感就越小，隧道末端的光就越来越亮，你感觉越来越好。每一步都在减少你的不适，每一步都在恢复和强壮你的身体，每往前一步你都感觉越来越舒适，越来越舒适，非常舒适。当你到达灯光的时候，你感觉你的任何不适都解除了，你感觉放松、更强壮了、舒适。从现在起，每次你进入并通过隧道时，看着尽头的灯光变得越亮，你会变得舒适，你走出隧道以后会变得越来越强壮，感觉越来越好。隧道是你的，你可以控制它，你可以在任何你喜欢的时候进入，通过隧道总让你感觉更好。

如果你的疼痛是慢性的，每天应用放松诱导能帮助你防御压力，减弱你对疼痛的抵抗力。如果你用了合适的药物治疗和所建议的诱导，你会发现减少或消除慢性疼痛的发生是可能的。如果你要做手术，那么在手术前几周每天都要使用诱导，当然，在做手术的当天也得进行诱导。全面疼痛控制诱导应该在手术以后使用，直到你不再需要它为止。如果你的疼痛源于受伤或疾病，可使用特定疼痛控制诱导，如果合适，针对特定健康问题诱导也可以附加使用。只有你才能最好地判断疼痛的频率。但是，建议你进行一周完整诱导，直到你感觉到有明显改变后，每周进行 2 ~ 3 次。然后，再回到每天进行诱导，持续一周。最后，随着你疼痛的减少或消除，停止诱导。

第二章

解决心理问题

不再害羞

在生活中，感到害羞的人即使不占绝大多数，数量也绝对众多。比如遇到我们爱慕已久或一见倾心的人，抑或被要求在一群陌生人面前讲话。大多数情况下，我们会迅速渡过难关然后忘得一干二净，这种害羞不会妨碍我们的生活。

但深度害羞会让一些人苦恼不堪。他们一想到在聚会上与陌生人讲话，在课堂上被提问，在人群里走过，或者给邮递员开门便会紧张不安。他们甚至无法忍受在餐馆等公共场所吃东西。他们脸红、手心出汗、感到恐慌。这往往是别人看不到的，他们会尽全力在朋友或家人面前加以掩饰。这种极其有害的害羞正如恐惧症，能够毁掉患者的一生。

催眠可以给饱受这一病症折磨的人带来巨大益处。某种程度上害羞更是一种后天形成的行为，一种在无意识水平起作用的行为。庆幸的是，无意识可以学习或被教以新行为。

催眠师的方法是，让患者想象自己身处某个社交场合，看到自己以一种更加自信的态度思考和行动。而对无意识的心灵暗示则告诉患者，让患者知道自己拥有巨大潜能，自己的观点很重要，自己可以为周围的世界做出贡献。这样患者的自尊心就会逐渐得以提升，并且在他的行为举止中体现出来。同时，患者在克服害羞方面赢得的每一个小成就都会反过来进一步增强他的自信，建立一个良性循环。

减轻压力

想象交响乐团开始失控，一个小提琴手高出其他弦乐部分 3 个音阶，打击乐手又比出错的小提琴手高出 6 个音阶，指挥棒的挥舞速度是乐谱频率的两倍……最后，这个不幸的交响乐团在舞台上乱成一团，他们的乐器散落满地，就像散落在战场上的武器一样。

同样，如果一个人总在经历压力，并持续承受紧张，那么他的紧张会越来越严重，并最终导致与压力相关的疾病发生。

当然，某些类型的压力可能对你是有益的，例如一次非常浪漫的相遇或者是对奖励的期望所引起的压力，这样的情况就要求你有所改变。既然你不能改变世界，就要改变对它的反应。

首先，分析让你产生压力反应的大体原因。有成百上千种原因能导致压力——从噪音到怨恨，从疲惫到感情波动。尽管你的压力原因看起来难以琢磨甚至是令人迷惑，但它们多将归于以下主要的几个类别中。

你已经继承了压力倾向。你从你父母那里学会了如何显示感情（或者是如何不显示感情），你通过观察你父母一方或双方，学会了在一些公共场合的一定行为，你看你外祖母做意大利面条，你从她那里也学会了。你学会了特定情况下（至少在你家里），最可能产生的行为模式。

你母亲在招待客人的时候，总是感觉到压力。你散漫的兄弟在与你保守的父亲谈论政治的时候显示出极度的压力，在父亲与兄弟同在一间屋子的时候，家庭其他成员也同样会感觉到压力。这些都是一些极端的例子，但它们可以说明一个家庭中压力可能出现的方式。

如果你的父亲在开车的时候感觉到压力，那么你在早年可能会形成这样一个意识，开车能引起压力。结果，开车将成为导致你产生压力的一个重要因素。

你的压力是遗传来的。你学会了按你崇拜的或依靠的人那样做事。这就叫作“模式化”，正如恐惧经常“进入家庭”一样，压力反应亦然。

此外，由父母传递给孩子的压力有时因为个人的身体素质差异而被增强。两个孩子在遇到相同刺激（如嘈杂的环境）的时候都可能显示出压力，但是其中一个可能会因为天生的身体素质差异而反应更强烈。

因为恐惧、可怕和“理应如何”而承受压力。注意力集中在生活中的噩梦、灾难或事物最坏的一面上则会导致持续的压力。如果你有过灾难，你就会认定每次都会出现某种疾病或危险。如果你姐姐的丈夫和邻居的丈夫都离开了他们的妻子，与一个年轻的同事结了婚，那么当在你丈夫延长待在办公室的时间时，你就会想象你的丈夫也会那样，只是时间的问题。如果你9月份的销售量下降了，你想象到年终你就会被公司解雇。当你经受任何疼痛或不适，都会被夸大：良性囊肿是一个致命的癌症，消化不良是食物中毒，公司老板给你的一个定期的评估预示着你要失业。

“理应如何”对你的情感几乎是破坏性的。“理应如何”由一些你认为你和其他人必须以此为生的规则构成。问题是你为自己制定了这些规则。然后，你尽量去遵守它们，就像它们是法律一样。当你不能或没有做到时，你感觉自己是一个坏的、讨厌的、低劣的人。你谴责惩罚自己。

下面是几个常见的折磨人的“理应如何”：

我理应是一个完美的爱人、朋友、父亲、教师、学生或配偶；

我不应犯错误；

我应当看起来有吸引力；

我应控制我的情绪，不觉得愤怒、嫉妒或压抑；

我不应当抱怨；

我不应依赖别人，但应当照顾好自己。

你可能还有一些自己所认为的应该添加到这个列表里的理

由。不幸的是，你的应当不但妨碍了对自己的准确认识，也影响了别人。你认为你认识的人应当按照你的规则来办事，如果他们没有，则他们是不服从的、不关心的、懒惰、邋遢、缺乏同情和爱。在乎这个看不见的负担列表，生活就是种不必要的消耗。

你经历压力是因为不可逃避的疼痛或不适。不可逃避的疼痛或不适是来自身体上的真正原因，如慢性疼痛。伴随生理感觉的是情感。当你感觉到任何慢性疾患的时候，让你感觉到与世隔绝或孤独，是很正常的。你可能感觉强烈的内疚或愤怒，因为你总是受煎熬的，以至于最后因为这种情形下的无助而让你感觉极度压抑。

你承受压力是因为你压抑和拒绝接受诸如伤害、愤怒或忧愁等重要情感。有些人想完全否认负面情感，认为这些反应是自我破坏的根源。这些人远远不承认他们的真实感觉。他们需要持续地关注、不断地谈话、暴食暴饮，表现出防御行为，把任何事情都变成一个问题。相反，如果认识到了负面情感并接受它，压力的强度和持续时间就会减少一些。

假设一下，与你关系密切的一个人死了，你既悲伤又压抑。但是，你让自己悲伤，然后把生活暂时放在一边，回忆过去，评价未来，辨别你的感情，做这些的时候，其他能量和情感得到休息。即使你没有认识到这一点，你的悲伤已成为了释放压力的一个重要起因，而这种起因可能会成为影响你生活的一个重要因素。

再举一个例子，想象一个丈夫因为他妻子对她职业的投入、对工作相关的计划、程序和细节非常细心而感到愤怒。起初，丈夫只是有一点苦恼，并没有显示出任何失望。然后，他开始感觉她的工作是他的直接竞争对手。最后，他虽然没有公开表现出来不满，但他认为他是第二位的，而她的工作才是第一位的。在家里的时候，他总感觉到压抑。每次通电话都是对他私人生活的外在威胁。他妻子的每次商务会议对她都似乎是一个幸福的出行，而他总被排除在外。他没有面对他的婚姻正在发生的事情，与妻子探讨自己的感受，而是让这种伤害聚集、强化，这导致了一个极度压抑的倾向，就像一个正要爆发的火山一样。

你承受压力是因为你受到超出你的生理、心理和情感等能承受的一个特定事件或刺激。想象一个有压力的经历，或者是有压力的刺激因素，作为为你提供的“一个药方”。你把它的期望看作是一种需要，但是你感觉你并没有心理的、情感的或者生理的组分满足这个药方。

可能是你的工作需要才开始治疗，也可能是你的婚姻不正常，更有可能是其他人对你注意力的期望太高。

你产生压力可能有多个原因。当个别分析时，它们都不是很重要的，但是，一旦它们发生了，就显得重要了。你可能坐在车里 15 分钟都还没有把车启动。正当你不得不打算换一种交通工具的时候，引擎又运转了。当你到达办公室的时候，你发现你的秘书根本没有复印完你要在 9 点钟汇报的状况表。然后，中午你与一个潜在投资家的约会也被无故取消了，整个下午被几个无关紧要的电话打断了工作，占去了绝大部分时间。回到家，你的孩子说需要开车去篮球场练习（需要走你想避免走的路）。你丈夫的飞机晚了一个多小时，当你们赶到一个饭店吃饭的时候，感觉你们就像一个个时间机器。这样的一天看起来是非常烦人和有不可避免的压力存在的，可以通过催眠治疗改善。你将发现重新编程是如何避免一天中的小烦恼聚集产生的。

你经历压抑是因为你缺乏合理的饮食。有的食物可导致你的情感一会儿高涨，一会儿又落到低谷。糖、咖啡、酒精等是与压力密切相关的。缺乏 B 族维生素复合物会显著增强易怒性。B 族维生素复合物在全谷物、酿酒酵母、肝和豆类中含量很高。如果你处于极度的压力之下，并且你有不好的饮食习惯，或胡乱地平衡饮食，你通常的压力感觉就会被加深。决定哪一个原因首先出现是很难的——营养不全还是压力？因为压力会导致 B 族维生素复合物耗尽，而 B 族维生素缺乏又能导致压力。不论是哪一种情况，催眠治疗结合新的饮食计划都能缓解或减少压抑。在满足了你的营养需要之后，压力减轻诱导就能作为一个重要的辅助手段。

如果你是一个女性，你可能经历 PMS 产生的压力。目前的推测显示，33％ ~ 50％的美国女性在 18 到 45 岁之间时都经历经期前综合征（PMS），PMS 的生理的和情感的症状通常在经期之前的 7 ~ 14 天出现。生理症状包括对糖或盐的需求、疲惫、头痛、体重增加、肿胀、胸部变软等。情感症状包括焦虑、迷惑、暂时记忆丧失、从乐观到绝望的情绪波动等。此时，适当的营养对减缓压力非常有帮助，添加 B 族维生素复合物能减轻症状。当饮食计划与催眠治疗结合起来使用时，PMS 综合征即使不能消除，也会有显著改观。

你的压力评估

为了让催眠治疗对你的减缓压力有效，压力减轻诱导就必须调整为适合你个人的特定需要。这些需要是由个人的压力刺激因素以及伴随的反应决定的。

克里斯，一个35岁的离婚父亲，对他5岁的女儿雅娜有永久抚养权。雅娜的母亲再婚了，居住在国外，不来看她的女儿。克里斯的压力评估可以让你对伴随不同刺激时生理和情感上的反应有个了解。

压力刺激	生理和情感的反应
一、雅娜问为什么她的妈妈不回来	轻度头疼、感觉虚弱、脉搏改变并压抑情感
二、不得不检查不良工作、与雇员讨论不良表现	胸闷、控制不了脸部肌肉，在不得不处理这个问题时，害怕表现出对雇员不良表现的蔑视、反感时不断地吵闹
三、雅娜和她的玩伴在屋子里玩耍	肌肉紧缩，变得安静，感觉被外界力量侵袭，因为心烦而内疚
四、与一个大嗓门的同事乘一辆车，并有一个烦人的司机	红着脸、害怕愤怒表现出来、感觉受伤害、不安、想象着让他下去

克里斯的例子很好地告诉大家压力与压抑是如何联系在一起的。看看刺激一，克里斯想改变与她女儿的话题，因为对话令人太不愉快了。刺激二中，他不能把自己的情感对雇员表现出来，因此他怨恨整个情况。刺激三中，他没有说任何事，因为他感觉内疚。他的理性自我认识到她需要玩。刺激四中，克里斯在整个途中都抑制着自己的愤怒。

克里斯检查了他的负面反应，开发了针对相同压力刺激下的积极反应。下面是克里斯的积极反应：

当雅娜问起关于她母亲的时候，我放松，接受自己的感觉，对雅娜表示爱，与她谈论她的感觉。

当我检查雇员的不良工作时，我将把自己看作是一个指导者，一个有机会可以帮助其他人把工作干得更好的人。

在雅娜和她的朋友玩耍时，我将把他们的噪音看作是健康的、幸福的释放，不认为这些噪音对我有害。

我自己开车去上班，完全改变我的情形，把雅娜送到幼儿园，并把这作为不与同事一起上下班的合理理由。

现在你可以密切地、详细地看到是什么样的刺激促成了你的压抑和生理、情感的反应。在下面空白处简要描述每个刺激及其反应。

现在你开始下一步，写出你对所列的每个刺激的新的反应。记住陈述你的新的积极反应。例如，让我们假设你的压力刺激是不得不一对一地应付你公司的主席，你现在的反应是手心出汗、声音发抖、呼吸困难、感觉无能。下面是这个刺激的一个新的消极反应：

当我要与主席一对一面对的时候，我尽力放松自己，我不能紧张。我不能让他使我感觉自己无能，因为我能控制我自己。

下面是对同样刺激新的积极反应：

当我要一对一地面对主席时，在进入他办公室之前，我会深呼吸、放松。我会把自己想象成一个成功的、博学的雇员，我还能做很多贡献，我很放松，就像我曾经做出贡献时那样。

现在回顾你的压力刺激和反应，用在克里斯例子中的形式，写下新的反应。也就是说，你的新反应要以同一刺激因素开头："当我的岳母叫吃早饭的时候，我将……"或者"当我女儿像没听见我说话时，我将……"或者"我在学习的时候我的同屋放音乐，我将……"

制订你的新计划

根据你要改变的行为，你的总体目标已经很清晰，它们是：

减少或消除你生活中的消极压力；

把新的反应整合到你的生活中；

做一个更平静、更有效、更健康的人。

这些就是你整体的目标。为完成这些目标，你必须重新编制你的潜意识，使你能够对旧刺激有新的反应。你需要：

接受让你感觉焦虑、愤怒的压抑感情。诱导暗示："让你深藏的情感表露出来，看着这些情感，哪些你想保留，哪些你不想保留，立即保留你想要的情感，抛弃其他的。有时候感觉忧愁或压抑是完全正常的，这是一种善待自己的方式。时间会很快抚平那些感觉，让你感到自由。你可以接受或抛弃任何感觉，抛弃任何你经历过的感觉……"

感觉不受外界压力和压抑的影响。诱导暗示："你被一个保护罩保护着，保护罩让你不受压力的干扰，防止你受外界压力的侵袭。压力反弹回去，远离你并消失了。你感觉很好，因为你整天都被保护罩保护着，未受到压力和压抑的干扰。"

把新的反应整合到你的生活中。诱导暗示："你现在对旧的刺激有全新的反应。"诱导过程中，你要插入一个刺激和一个新的反应。

完整诱导

现在，保留你需要的，抛弃其他的。有时感觉忧愁、压抑是完全正常的，这是一种善待自己的方式。压抑是一个治疗过程，所以让你自己忧愁、悲伤，当这些忧伤过去之后，便会释放自己。你在善待自己，时间很快抚平那些感觉，你会感到自由。你不再拥有这些感觉是因为你接受了或者完全抛弃了它们，抛弃了任何你曾经历过的情感。它们属于你，它们的来去由你控制，随你的需要而来去。

现在放松，继续放松，感觉你随你的情感放松了。现在认为你是一个拥有很多情感的健康完整的人。你被保护罩保护着，不受压力的侵袭。保护罩能保护你不受压力的侵袭。保护你，使你不受外界压力的侵袭。压力反弹回去，远离你并消失了，压力反弹回去消失了。无论压力是从哪里来的，或者是谁给你的压力，都会弹回去消失，弹回去消失。你感觉很好，因为整天都被保护罩保护着，不受压力和压抑的干扰。你感觉很好，度过了一天，你看见压力弹回去消失。外面压力越大，你的内心越平静，你内心感觉越平静。让内心平静下来。你是一个平静的人，你不受压力的侵袭。你以某种方式让自己舒适，你现在对过去的刺激有全新的反应。这个新反应让你感觉强壮、平静和自由。你的日子充满了成就，你因为这些成就而幸福。你自我感觉很好，是因为你有新的反应，并且因此让你的日子更幸福。你平静、强壮、没有压力。

期望和加强什么

每次你成功地重新编写对一个旧刺激的新反应的时候，你可以继续进行编写你列表上的下一个旧刺激的新反应。每个刺激有几种疗程是必要的。除了插入一个新的反应，你的压力减少诱导应保持不变，加强不受压力影响的感觉，确保你是一个更平静的、更健康的人，不害怕经历必要的情感。

在你重新编写了你所有的新反应之后，可以改编压力减轻诱导以满足你的个人需要。你可能需要截取出特别适合你保持压力的一部分，也就是说，一种小诱导作为在你特定的努力时的强化。

一般来讲，无论何时你发现压力又重新形成，你都应该使用完整的压力减轻诱导。如果你发现过去的生活方式又悄悄地回到你的生活中来了，那么恢复诱导，直到你不再需要它。

笑声治疗

在极度压抑的场所——医院、战场——自发的幽默是一种人在无法忍受的情况下处理压抑、损失和焦虑的一种方式。虽然这种幽默是残酷的，但它发挥着作用。它满足精神和情感的立即需要，此外，它对身体也是有益的。它放松面部肌肉和肺、释放激素，促进幸福的感觉。

在老兵医院的催眠治疗中，病人们正在接受治疗，为再次回到集体做准备。压力减少和放松诱导使老兵的行为产生一个稳定的缓慢的改变。当把笑声治疗增加到压力减轻诱导中时，产生了一个强的、积极的行为变化。

催眠治疗师首先让小组成员回想一个有趣的情形，一个笑话或者喜剧电影。在诱导过程中，一些病人开始大声笑，笑声迅速变得有感染力，小组成员全都笑起来了。所有的病人都被激活了，微笑了。甚至那些过去曾极度压抑的病人也都笑起来了。最重要的是这种暂时的提高导致了加速复原，使大多数病人产生了永久的积极改变。

把幽默整合到你的诱导中，你可以使用过去发生的有趣的事、想象的幽默情形、笑话、喜剧演员的录音——任何你认为有趣的事都可以。你可以以类似于下面的暗示开始你的笑声治疗：

回想一个有趣的事情、一个喜剧电影、听过的笑话。想一想，让自己笑起来，感觉你的嘴角张开，让自己笑，感觉笑从你的喉咙出来，滚成一个热情的笑。感觉它在你的体内震动。当你笑完以后，感觉一种释放和幸福的感觉，让这种感觉伴随你一整天。

除了在压力减轻诱导中采用笑声治疗之外，你可以在你感觉需要缓解的任何时候做一个小诱导，否则你的一天将变得紧张。

病例分析

艾德丽安是一个 55 岁的校长，正处于要离婚的状态，同时她要照顾易怒并且经常完全不可理喻的年迈父亲。他们俩住在艾德丽安的房子里，她不得不雇了一个陪伴，白天与她父亲待在一起。当她回到家的时候，她经常已经历了一整天的要求、做决定、解决问题。她的公关技能从她早上 7：45 到办公室一直到下午 5：00 甚至更晚都在使用。当她回到家，她父亲的要求又开始了：他们晚餐要吃些什么，让她从清洁器中收起来的家常裤在哪里，等等。当艾德丽安一周出去一两次的时候，把她年迈的父亲一个人留在家里总让她感觉很内疚。

艾德丽安的生活充满了工作的要求、压力和内疚。结果，她的血压高了，总是不开心。她用催眠治疗进行缓解。她每周一个疗程，持续了4个月。在压力减轻诱导中，她被重新编程，想象她被包围在装甲里面，压力不能穿透。她也学会了想象导致巨大压力产生的非理性情形转化为喜剧的一面。

在4个月的治疗结束的时候，她非常开心、和蔼可亲，她把自己看成是一个恢复力量的人，而不是一个受害者。

特别注意事项

严重的压力和压抑缠身时就需要咨询和催眠治疗，特别是在症状持续了较长一段时间之后。需要注意的是在讨论PMS症状时所提到的症状也可能是其他身体问题的征兆。安全的方法是检查任何症状以排除可能有需要立即药物治疗的疾病的可能。

最后，记住如果你的情感没有从压抑中释放出来，你的身体会很快感受到结果。

战胜自卑感

在我们的日常生活中，我们不难发现，很多人都有或多或少的自卑感。的确，有自卑感的人非常非常多，有的人甚至认为，这个世界上几乎没有完全无自卑感的人。世界上确实有些人乍看上去地位显赫、刚愎自用、气壮如牛、盛气凌人，似乎他们与自卑感绝缘。然而，在对他们进行深层次的心理分析以后便会得知，这些人甚至具有相对更加强烈的自卑心理，外在的表现只不过是一种掩饰自卑的手段和方式罢了。也就是强烈的自信掩饰下的强烈自卑。引发自卑感的原因大致可以归纳为以下几个方面。

其一，生理方面的某些缺陷。引起自卑感的生理方面的缺陷非常多，常见的诸如相貌丑陋或畸形，身材比较矮小，体型肥胖，四肢残缺，听觉、视觉等机能的丧失或损伤，高度近视或远视，语言障碍，等等，但是应当说明的是，生理方面的缺陷并不是直接导致自卑感产生的因素。有些具有生理缺陷的人倒反而并没有多少自卑感，另外，还可能由于其人格的力量而创造出比那些没有缺陷的正常人更为巨大的成就。例如，腿部残疾的美国总统罗斯福，成为美国历史上无法让人忘记的领袖；双目失明而又聋哑的海伦成为了举世瞩目的大作家，她的脍炙人口的名篇《假如给我三天光明》不仅文采飞扬，而且极富真情，具有感召力。总之，在生理缺陷与自卑感之间，主体状态及评价起着关键性的作用。如果主体对这些缺陷特点非常看重，而且自怨自艾或者怨天尤人，自卑感便会从心底萌发，如果我们不去这样做，而是保持一种与之相反的态度，那么，自卑感就不会产生了，或者即使产生了，我们也能予以战胜、超越。

其二，幼年时期的一些经历或经验。自卑感通常在孩提时代就已经生成了。通常的情况是这样的，父母对子女有着非常高的期望。如果孩子一旦在某个问题上产生失败或者达不到他们的要求，父母便可能会责骂自己的孩子笨、无能、愚蠢。因此，孩子为逃避失败而不敢进行尝试，遇事踌躇不前、畏难退缩，久而久之，便形成了自卑感。

其三，观念上的错误。作为群体的人类，其能力是无限的；但是作为个体的人，其能力则是有限的。每个人的能力都有其强项，相应地，又都有其弱项。如果个体在发现自己的某个弱点之后，短时产生矮人三分之感，而又没有考虑到自己亦有他人所不及的一些长处，自卑感就会在这时油然而生了。千万不要任其发展。

综上所述，自卑感乃是消极、负面的自我暗示的产物。催眠治疗师、心理学家们于是设想，既然自卑感是消极、负面的自我暗示的产物，那么，如果我们反其道而进行治疗，通过积极、正面的暗示，那样不就可以克服自卑、增加自信了吗？遵循这一基本的正确的指导思想，我们的催眠治疗师和心理学家创造了不同的治疗方法。有些催眠治疗师在将受催眠者导入催眠状态以后，都会采用沙尔达博士提出的“条件反射疗法”对患者进行训练，从而达到强化自我、克服自卑感的目的。条件反射疗法的训练程序可以参考如下。

将自己自卑的感觉都说出来。自然涌上的感情，全部以发声的语言来进行表达。如果是生气，就把生气的情感恰当地转化为平静的语言，而不是其他过激行为。如果是感情受伤的情况，就把受伤的具体情感用语言说出来。不要保持沉默，一定要表达出来，无论是什么样的感情，都要表达出来。当然，这种和盘托出的状态只有在催眠状态下才最容易获得，也最容易达到比较好的效果。

要辩驳。当你的意见与别人的意见不同时，不要再保持沉默，不要再静默不语，也不要勉强地表达你的认同。在不伤害对方的前提下，平静地表达你的看法，说出你的意见。这表明你自己能够坦诚地表达感觉。

要常常使用“我”字，而且还要注意加强语气。例如，“我！就是这么认为的！”这时候以“我”这个字的语气为最强。

当被人赞美的时候，学会平静、坦然地接受。不必谦虚地说“没什么”“我做得还不够好”等，应该承认自己的确不错。

想到什么事情，就要立刻去做。为了更好地有效地运用你有限的时间，不要将未来的事在事先就计划得过于详细过于周密，从而导致瞻前顾后，思前想后而犹豫不决。最后一事无成。想到什么，只要觉得合理，就要立刻去行动。

一般说来，在催眠状态中经过这 5 个阶段，进行数次训练之后，就可以在很大程度上解除自卑感。还有一些催眠治疗师运用“思考预演法”来解除受催眠者的自卑感。所谓的思考预演法，其实就是指让受催眠者在催眠状态中经过思考和预演，来适应某种以往会令受催眠者感到不安、尴尬、害怕的场面，以减少他们的不安、恐惧和自卑。通过催眠师暗示诱导下的思考和预演，受催眠者可以感受到能够顺利地完成那些由于自卑和不安而无法积极行动场合的现象，使其产生强大的自信心，克服自卑感和紧张、不安、恐惧感。

根据导致自卑感产生的主要原因不同，催眠治疗师们还应当采取不同的方法，有所侧重地对患者予以治疗。这样才会取得更好的效果，例如，对于以生理因素为主而诱发的自卑感，采用直接暗示法来改变患者的错误观念；对于因幼年时期的体验而引发的自卑感，则采用宣泄法使之释放，用抹去记忆的方法会使患者不再为之困扰；而采用注意转移法是让患者的心理活动指向外部世界；用激励法是为了鼓励患者内心的升华……

克服焦虑和害怕

温暖的春天，你走在宽阔的、绿树成荫的街道上，去参加你最好的朋友组织的庆祝晚会。这时云朵遮住了太阳，空气有点凉。突然一阵风吹过树枝，一下子天空变得又黑又冷。你在往前走时注意到身后的脚步声。莫名地，你觉得这个脚步有意和你的脚步保持一致。尽管在同样的春天，同样友好的社区，一个念头闪过："我可能要被抢劫了。"脚步声越来越近，你的心怦怦地跳，你的脸变红。你突然觉得目眩，似乎要倒了。这时你决定再也不能忍受害怕，脚步声消失在人行道上了。你环顾四周，发现邮车停在马路转弯处。

和普遍看法不同的是，焦虑并不直接产生于危险或痛苦的情景里，实际上焦虑来自于你的思想。在具体情况下，是潜在危险的想法，而不是实际存在的危险，导致了焦虑的症状。

焦虑 ABC

上述描述的过程叫作焦虑 ABC 模式——情景 A 产生思想 B，思想 B 又产生焦虑 C。焦虑的感觉本身进一步成了惧怕的催化剂。你对自己做出的第二次判断，如"我感到害怕，这真危险"。新的害怕想法让你焦虑，你更加焦虑时就对危险更加想入非非。

在无法避免的情境之下，情感就很难不变得更加强烈。例如，你不能离开晚会；你害怕老板发怒，但你却不能回家；你感到身体中有不同寻常的疼痛或感觉……在这些情况下你觉得尽管你没有被控制，仍有另外的危险存在：情景让你惧怕。

只要你对困难情况的想法是真实和准确的，你的焦虑就有办法对付。但是如果你过高地估计危险，不断地预测灾难，你的焦虑感也会大幅度增强。如果在繁华的闹市街道上你站在警察身旁，你告诉自己“我会遭遇到袭击”，在几乎没有危险的情况下你仍感觉到危险，这就是不现实的想法。同样，如果你的工作做得很好，你却不停地对自己说：“如果老板不喜欢我的工作怎么办？如果他解雇我怎么办？我再也无法有另一份工作。”这也是不现实的想法。

害怕机制

害怕在不断加剧时有 4 个显著阶段。

第一，不现实的自我表现判断让自己一直处于戒备状态。你在斗争或者逃跑中的身体紧张状态：你的心跳更快，你感觉呼吸急促，你的胃感到慌乱，等等。这种慢性反应会让你意识到危险的潜在性。这意味着你处于千钧一发的紧张状态。临近的排演或小冲突都能让你处于害怕之中。

第二，你开始对害怕本身感到害怕。你的身体越来越敏感，你开始预料到害怕的袭击。你不惜一切地尽量避免。现在你有了新的害怕。你不仅害怕暴力或老板的批评，你也惧怕害怕在你的体内产生的反应。

第三，当你对害怕的惧怕感越来越强烈时你拒绝接受自己的感觉。你厌恶体验害怕的反应：心跳加速、目眩、呼吸急促、双腿颤抖、喉咙哽咽、忽热忽冷和大脑的混乱。你拒绝并与身体中不同寻常的反应斗争。你对即将到来的害怕症状格外警觉。

第四，你逃避产生焦虑的任何情景，任何人或事。开始是在空荡的街上感到紧张，后来避免独自去任何地方。开始是和老板谈话感到焦虑，后来避免了所有的工作。开始是在晚会上感到害羞难堪，后来避免任何社会交往。

幸运的是有办法处理焦虑和害怕的噩梦。催眠法能帮助你放松，接受害怕时的戒备状态，用新的反应代替不理性的想法，消除焦虑的感觉。

害怕的主要原因

在遭受害怕的袭击时，你体验的任何症状都是身体的斗争或者逃跑反应中自然而又无害的一部分。当你觉察自己处于危险之中时，你的肾上腺释放荷尔蒙，身体出现恐慌症状。荷尔蒙在体内不到3分钟就产生代谢变化，但它的效果很快就消失了。因此，如果你能停止灾难性预测，你就能在3分钟内结束恐慌反应。这意味着你的焦虑感不会超过3分钟。停止反复的灾难性想法，关键的一步是与自己的灾难性预测做斗争。

探讨害怕

在准备自我催眠法时，你必须首先知道自己害怕时的反应是如何产生的，并花几分钟假设自己处在令人害怕的情形里。

是哪种情形呢？社交场合中，开车时周围有某种动物或物体，在工作场所，电梯里还是飞机上？现在让自己感觉现实中的正常焦虑感。

尽管这种人为的焦虑与自然的害怕有所不同，但仍会产生一些身体症状：心跳得更快、目眩、呼吸短促、腿乏力、比正常更热或更冷、摇摆或颤抖、胃里感觉慌乱、很难集中精神，清楚地思考……这是焦虑和害怕最常见的身体反应。除了自己独有的，你可能有其中一些或全部。

再一次想象自己处在同样令人害怕的情况下。这一次集中精神，努力注意你是怎样告诉自己害怕时的情况和症状的。

你是否发现自己对情况做了灾难性的预测？你是否做了最坏的打算？你是否认为自己会有心脏病或眩晕，或者你可能失控倒地、呕吐或尖叫？这些都是许多人在遭到害怕袭击时告诉自己的事情——不理性和不准确的预测会令害怕延长和更强烈。

制订计划

为了改变你的身体对可能令人害怕的情况的反应方式，你必须用解释你反应本质的真实话语代替灾难性的想法：你的身体感觉不会伤害你，它们很快会消失。重复解决每种症状的暗示语，你能够意识到自己的反应，恢复良好的感觉。

减慢心跳。在斗争或逃跑反应中，你的脉搏跳到每分钟 120 ~ 130 次。根据克莱尔医生的著名的焦虑控制权威报告，正常人的心跳能数星期保持这个频率而没有危险。如果你担心你的心脏，就去做医疗检查。知道你的心脏正常后你就开始解决令你产生灾难性想法的这个问题。当你感觉到自己心跳加速时，告诉自己：“我的心跳得这样快，但这样子几个星期也没事。”

感到平衡。眩晕的感觉是过度紧张所致，当你放慢呼吸时眩晕就会消失。有时你脖子或下巴的紧张会影响你的听力，引起眩晕，你放松时眩晕也会消失。放松时即使感到害怕也不会晕倒。当你觉得眩晕时，提醒自己："我放松，放慢呼吸就会好。"

深呼吸。横隔膜太紧，呼吸就变得短促。你感到害怕时的呼吸短促会让你把短而急促的呼吸延伸到肺上部。解决方法是集中精神深呼吸一口气，然后有意识地做深而慢的呼吸。记住暗示的话是，"呼出废气，深呼吸，呼出废气，深呼吸……"慢节奏重复。

腿部有力。在害怕时你的腿部乏力。你甚至可能害怕你会跌倒。这种反应是大腿肌肉中静脉血往上涌所致。斗争或逃跑反应中血也会处于准备逃跑状态。你感觉到的虚弱是假象，因为实际上是血让你的腿处于准备逃跑状态。静止状态下血聚集在腿部，它就会产生沉重和微弱的主观反应。这种情况下，告诉自己："我的腿准备开始跑，它们比平时更强壮。"

随意吞咽。焦虑时喉部过度紧张，你感到不能吞下任何东西。实际上如果你去尝试，是能够的，只要你放松反应就会消失。如要加快速度，尽量张开嘴，假装打哈欠，告诉自己，"打个哈欠，喉咙的紧张感就没有了"。

感到热或冷，都很好，冷或热都是因为血管收缩，血压升高，交感神经和副交感神经系统的变化引起的。这些变化是斗争或逃跑的自然反应，当你平静下来，停止灾难性预测时，这些反应都会消失。当你感到热或冷时，告诉自己，"几分钟后就好了"。

思维混乱，模糊，无法思考都是因为你的肌肉中多氧和血过度集中导致的。这是身体在斗争或逃跑时的自然准备。这些感觉都可以通过闭上嘴巴做深而慢的呼吸来消除。告诉自己:“我能够做深而慢的呼吸，能够清晰地思维。”

重复你的暗示语，提醒自己反应是无害的、自然的。你可以运用这里建议的自我陈述语或者你自己的话。例如，这里有一个完整的自我暗示语:“我的心跳通过医疗检查是正常的，即使几个星期我的心跳有这么快也平安无事。我能够处理，因为几分钟后就好了。”写上你的每一个反应，解释为什么它没有危害，你又怎样处理。

总体意念法

意念法包括对你的一系列建议:

当你感到害怕时放松;

停止产生害怕的想法;

用积极的暗示语取代灾难性想法;

允许自己感到和接受伴随害怕的所有身体反应。

1. 放松

意念法用两种方法来放松身体。第一种是深呼吸。闭上嘴，做一个长而慢的呼吸。屏气一会儿，然后缓慢而顺畅地呼吸，尽可能地呼出体内的气体。暂停一会儿，把注意力放在暂停上，然后又吸气。目标是缓慢、深而完整的呼吸。深呼吸会阻止你呼吸加快。

放松的第二种方法是扫视体内的任何一处紧张感。你的脖子和肩膀最有可能紧张。如果发现肌肉紧张，就放松。如果你无法放松，就使肌肉尽可能地紧张。如果你能增加肌肉的紧张感，你也就能减轻肌肉的紧张感。你在紧张和放松你的肌肉三或四次后，你的紧张感会明显地减轻。

2. 停止想法

意念法告诉你用停止想法的技巧来控制灾难性想法。当你开始想你要晕倒或你有心脏病时，你在心里大叫一声“停住”。这个没有喊出来的声音会让灾难性的想法停止 1 秒钟。然后你迅速地用暗示语取代想法，如“不可能晕倒，眩晕 3 分钟后就会好”或者“我的心脏很好，数星期来这样跳动都非常正常，而且它在 3 分钟后就会慢下来”。

3. 暗示语

意念法将加强你写作和运用积极现实的自我暗示语的能力。这是你对害怕的新反应。为了有大量的暗示语，开始记下自己典型的因害怕而产生的想法，以及在充满压力的困境下的想法。

你可能想用日记记下自己在压力下的想法。无论你什么时候感到焦虑，都记下你的心理活动。对每一个因害怕产生的不理性想法，都写下简短的对策。例如，对不理性的预测“飞机会坠落”。可以写下：“事情会有利于我。飞机几乎从不坠落。坐飞机比开车安全多了。”对事情做现实的评价是处理灾难性预测的最好方法。

创作暗示语的另一个好办法是对害怕的结果做准确评价。如果你晕倒了会怎么样？如果你的老板真的批评你会怎么样？如果电梯真的被卡住 1 小时会怎么样？如果你喜欢的人拒绝了你的求爱会怎么样？清楚地写下可能发生的结果，你往往发现真的结果并没有你害怕的那样糟糕。

把最好的一两个暗示语插入到意念法中使用的简短话语中。

当你坚持使用意念法后，你可能发现你要改变你的暗示语。

4. 接受你的感觉

意念法结束时会有两条强有力的建议，接受你的感觉和结束逃避。接受你身体所有感觉的关键之处是知道它们是暂时的，它们会结束。抗拒并与你的焦虑或害怕症状抗争，你的焦虑感只会更强烈。当你接受你的感觉后，无论是多么痛苦，它们都会结束得更快，很快你便不再有斗争或逃跑的不适。

结束逃避的建议告诉你不再逃避产生焦虑的情景、人或事。既然你能接受，处理和控制你害怕的感觉，你就能到你想去的地方，做你想做的事情。

使用整体意念法

让自己往下沉……越来越下。往下沉，睡着，睡着往下沉，向下，向下，完全放松。往下沉，越来越下。你感到安全和放松。你现在意识到焦虑是你身体的自然反应。它们是自然的，无伤害的。它们不重要，它们不重要。你不再对焦虑反应感到害怕。你不再害怕焦虑。它们是你身体斗争或逃跑的自然反应。你接受了无伤害的焦虑反应。你提醒自己你的身体很健康。你立即提醒自己你的反应意味着什么，为什么说你的身体健康。不管你的反应如何，你知道它们都是不重要的，而且你的身体健康。你的反应是自然的，你不再对焦虑的反应感到害怕。你越来越坚强，自信，有把握。你控制了你的害怕和焦虑。

无论什么时候感到害怕你都可以放松你的身体，你做深呼吸，深深地。空气将进入你的胃……直到进入你的腹部。深吸一口气到腹部……然后顺其自然，呼出原来的气体。你能够用缓慢而深的呼吸来调节……深吸一口气到腹部，慢慢地顺其自然。无论什么时候感到焦虑你都能做慢而深的呼吸。又做一次深呼吸，提醒自己能够调节呼吸……无论什么时候感到焦虑，做慢而深的呼吸都能放松你的全身。你焦虑时检查你身体的紧张处。你检查你的肩和脖子，让你的肩下垂放松。你检查你的下巴，让你的下巴放松，放松。你检查你的前额，让它平滑和放松。你检查你的胃，做深呼吸放松，每一次呼吸都越来越放松你的胃。

当你焦虑时检查并放松身体的任何紧张处。你知道由你自己掌握。你有办法并懂得让焦虑和害怕消失。

现在你知道事实是你只要停止焦虑感，害怕就会很快消失。在你头脑里消除焦虑的想法 3 分钟内就会消失。你能等待它结束。快，很快，它就会结束。当你焦虑和害怕时你能停止焦虑的念头，停止危险的念头。你在心里对焦虑的念头大叫一声“停止”，你知道你的害怕会在 3 分钟内消失。你在心里大叫一声“停止”来平和焦虑的念头。害怕很快过去了，它结束了。当你停止焦虑的念头时害怕过去了，结束了。你等待它结束，很快害怕便结束了。在你的掌握之中，你有能力释放所有焦虑和害怕的念头。

把你的焦虑想象成悬挂在博物馆的画，也许是一幅关于战争的画。想象着博物馆的墙上的画。你走过那幅画，你飘浮着经过那幅画，你即将走过那幅画时……现在它从眼前消失了。你的焦虑就像那幅画一样消失在眼前，消失在眼前。你现在知道接受身体的任何感觉。你能接受任何感觉，因为你飘过了，飘过了，直到它消失在眼前。你接受并让你的感觉逝去。

现在你对原来的焦虑想法有了新的反应。你不再用灾难临头的感觉吓自己。你让原来的害怕，原来的焦虑随风而去，让原来的害怕随风而去。现在你提醒自己对原来的焦虑想法的新反应。无论你什么时候意识到原来的焦虑想法，你都知道现在有办法不再想。这些想法在远去，远去，远去。它们远去时就像远处的灯越来越暗一样。你对原来的焦虑想法有了新的反应。

现在你知道你能接受身体的任何感觉，你能接受任何情感。你接受而不是逃避你的感觉和情感。你飘过焦虑和害怕，你知道这是短暂的，一会儿你就会感觉更好。你飘过而没有抗争。你现在知道你的感觉是暂时的，转瞬即逝……它们在远去，远去，很快就会消失。你的感觉，无论是多么不舒适，都会远去，消逝。它们会消逝。你的焦虑或害怕很快会消逝。你接受并飘过你的感觉。

你变得越来越坚强，越来越自信。因为你接受并让你的感觉远去。你拥抱你的感觉，痛苦的和快乐的，因为它们在远去，并很快会消失。

因为它们会远去，消逝，你不用害怕。因为你接受了你的感觉，你不用害怕。你充满期待和自信。现在你能处理好你的感觉，你能放松和处理好你的感觉。想想自己笔直地行走，每一步都充满了力量。因为你能处理你的害怕和焦虑。你毫无顾虑地接受未来。你能处理好并让你的害怕感逝去。如果你放松并做缓慢的深呼吸，如果你不再有焦虑的念头，3 分钟后害怕感就会结束。

现在你能够进入任何你曾经感到压力的情景。因为你能接受你的感觉了，你能处理好你的感觉，你能够进入。因为你对你的处理能力有信心，你去你想要去的地方，做你想做的事情。现在你知道你能进入任何情景，并记住你的处理技巧。你有新的能力来处理，你对你的处理能力越来越有信心。你能进入任何情景，因为你能让你的害怕感逝去，感觉到坚强和自信。在你的掌握之中，你能处理任何有压力的情景。你感到非常放松，非常平和。一会儿你就恢复所有的意识，感到更坚强和更积极……感到自信和坚强。

结束焦虑和害怕的辅助意念法

现在你通过使用结束焦虑和害怕意念法来学会接受、处理和控制你的焦虑和害怕感。而辅助意念法帮助强化你的目标，促进你的恢复。辅助意念法中的想象在你的潜意识中创造新的蓝图，在你从焦虑和害怕感中恢复一段时间后仍能强化你的积极行为和感觉。

想象你已经取得了巨大的进步。你让原来的害怕、焦虑随风而逝。现在你用心得处理技巧这一新的工具来控制自己的焦虑和压力。每天你都更加坚强，自信，更有把握。无论压力多大你都能处理好任何情况。你已经运用了新的技巧，在害怕有机会出现前就已经把害怕阻止了。许多原来的害怕被你远远地抛在脑后，并且一天天变得越来越模糊。未来的印象是你新的蓝图。现在，你想象用新的技巧停止了害怕感的袭击。你自在地呼吸，你觉得平稳，你的胸和胃都很平静。你已经成功了，你实现了你的目标。你赢了，你有控制力，感觉很棒。你为自己自豪，你感到很自信。你知道你能做到。现在你享受生活，而且没有原来的害怕感。它们仅仅是过去的包袱，你让它们远去。无论压力多大，你都能处理好。你有力量、信心，你能控制自己的生活。现在想象自己在特别的地方的自我形象，回忆你所有的新的、自信的感觉，相信自己能够处理任何情况，喜欢你自己。你沉醉于积极的感觉，长达几分钟。

解除心理阴影

由于某种不良环境因素的影响，或者受到某个事件的刺激，或者某种暗示作用，人往往会背上沉重的负担，巨大的阴影时时笼罩在心理世界的上空，对于整个心理状态、精神面貌产生非常强烈的消极影响。虽然每个人的敏感程度不同，但还是有办法帮助受刺激后有心理阴影的人。

一位举世瞩目的男歌星，他的歌声得到了广大歌迷的喜爱，因此他也得到了极高的报酬。但是他现在陷入了莫名其妙的极端恐惧中，自认为声音非常沙哑，而他的经纪人却说他仍然唱得很好，能够参加演唱会。可是，他却相信自己的声音是非常令人讨厌的。他非常担心这种情况，而且认为这种情况竟然已经持续3年了。他非常痛苦。

这位歌星名叫查理，是一个非常配合的受催眠者。他在3年前因病必须割除掉扁桃腺，当时，他就很担心手术是否会影响他的歌喉。心理治疗学家猜测，问题可能就出现在那次手术中。也许是由于某一句话形成了负面的暗示，从心理上导致了他的声音沙哑，不愿意开口歌唱。在催眠状态下，催眠治疗师让他回忆当时的情境。

他说他当时几乎丧失了意识。外科医生在结束手术以后，对身边的护士说："好！这位歌星这样就结束了。"其实，这句话可能是说手术结束了。但是，查理的潜意识却不是这么解释的。他在心里一直担心手术影响到他的歌声，结果医生的话似乎证实了他的不安感。"手术必定对我的歌喉产生了非常严重的损害！"他自己这样解释着。他的声音开始沙哑。在催眠面谈以后，他沙哑的声音竟然就此消失了。苏醒以后，他感到很喜悦，非常安心地回家去。催眠治疗师和他约好必须再做一次详细的检查。一星期之后，他再度来到了诊所，但是声音又恢复了沙哑。他沮丧极了，看起来情绪非常低落。

再次发生声音沙哑的原因很轻易就找出来了。因为他在开车到演唱会场途中，他的妻子对他说："真奇怪，你沙哑的声音怎么这么快就好了？"接着她又说："我可不相信你沙哑的声音真的好了，一定还会变回以前那样的！"他又开始担心了。妻子的话真的应验了，不久他的声音真的又变回来了。

可以看出，查理是一个很容易接受暗示的人。容易治疗，也容易被人影响。当再次接受治疗之后没有几天，查理的声音又沙哑了。沮丧中的查理认为即使接受治疗也没什么用。催眠师认为查理的声音再度沙哑必定有其他的原因。由于症状至少能够暂时排除，那么肯定有什么动机或者需要。也就是说，他的潜意识其实并不想使症状排除。

从以上这个个案中我们至少可以得到这样几点启示。其一，心理阴影是由主体状态折射出来的环境刺激所引起的。其二，这种环境刺激是经由非理性的暗示通道进入主体深处心理世界的。其三，以暗示为基本机理的催眠疗法对于心理阴影的消除确实有非常大的帮助。基于上述认识，以催眠疗法解除心理阴影的具体程序一般是这样的：

首先当然是将受催眠者导入催眠状态，然后，可以令受催眠者回忆，描述产生心理阴影的事件，使"真相"大白。接着，催眠师对这些事件进行详细的分析、解释、说明。还可能运用另外一种方式，比如让受催眠者再度体验、经历当时的事件，在催眠师的暗示诱导下，使受催眠者产生与之前事件不同的、恰当的反应。

这里还需要考虑到另外一种可能的情况：有时，催眠师运用种种手段，还是不能使受催眠者回忆起或描绘出产生心理阴影的刺激。这可能是由于个体差异的缘故，更有可能是因为产生心理阴影的不是某一个特定的事件，而是整个生活环境。对于这种特殊情况，催眠师采用的方法通常是编造一个合情合理的、与受催眠者的生活经历有关的故事，把这个故事告诉受催眠者，说这就是他亲身经历的、导致心理阴影产生的、已经遗忘了的早期的经验和体会。然后，催眠师再对这些故事中的某件事件进行分析、解释、说明，对受催眠者进行指导。通常来讲，只要受催眠者能确认该故事实为亲身经历，并且认为确实是该事件导致了其心理阴影的产生，此法就可以收到非常好的效果。不过这种方法的使用必须相当慎重，如果受催眠者的潜意识已经察觉到了催眠师的"欺骗"行为，那么就会对催眠师的催眠暗示进行抵抗，如此一来，治疗获得成功的概率就小很多了。

战胜郁闷

精神健康研究机构的调查表明，美国每年有 1700 万人感到郁闷，男性、女性都有，其中女性数量是男性数量的两倍。特殊的生理结构、生命循环和心理社会因素导致了女性的郁闷感。年龄、生活方式和环境也是人们感到郁闷的重要因素。

轻微的郁闷和严重的郁闷

郁闷不仅仅是恶劣的心情。轻微的郁闷包括缺乏精力、动机和胃口；尽管如此，感到轻微郁闷的人们仍能够正常地工作和学习，做好必要的事情。

当郁闷渗透到生活的每一个方面，当每天起床工作成了问题，郁闷就不再是轻微的。根据精神混乱诊断和统计手册，严重的郁闷至少包括下列 9 项症状中的 5 项，而且这些症状至少已出现两个星期：

几乎每天大多数时候都感到郁闷。

几乎每天对日常的所有活动都缺乏兴趣。

几乎每天都胃口不好，体重有明显的上升，或没节食也明显下降。

几乎每天都失眠或嗜睡（睡得太多）。

几乎每天都感到不正常地慌张或身体活动减少。

几乎每天都感到疲劳或精力不够。

几乎每天都感到没有意义或有过度的和不恰当的罪恶感。

几乎每天都感到思考、精神或决定的能力在减弱。

周期性产生死亡、自杀的想法或企图。

严重的郁闷危害很大，甚至威胁生命，应该及早治疗。如果有自杀的念头，给当地的自杀预防热线或医生打电话——现在就寻求帮助。无论你现在的感觉是多么的糟糕，郁闷都可以被成功地治疗。

郁闷是黑色的滤光器，让人无法辨别现实与幻觉。你开始相信你对未来的不现实想法，如“再也没有人会爱我”“我再也找不到工作”或者“我的生活从此改变了”。无论郁闷的根源是什么，有一点是可以确定的，消极、自我挫败感使郁闷永存。

消除郁闷不需要很长时间，也不困难。这一章给你提供简单有效的催眠办法，让你恢复良好的感觉。催眠意念法和技巧主要侧重于消除导致郁闷产生的消极想法。你还将掌握表现技巧，培养积极的心情和工作态度，过上没有郁闷困扰的快乐生活。

制订积极的目标

在你选择治疗郁闷的方法之前，先看看你治疗计划的预期结果。仔细地阅读下面的目标，在脑海中记下你觉得最重要的。在催眠过程中再返回到这些目标。

晚上睡眠好，早上醒来精力充沛，准备迎接一天的挑战。

感觉充满希望，积极地看待未来。

感到放松，平静和有动力。

在平常的活动中获得享受，如在院子里慢跑或工作。

胃口好，体重适当。

感到健康，强壮。

感到更自信，对自己的成就感到自豪。

能够全神贯注。

以积极的心态体验自己所有的情感方式。

郁闷

郁闷的症状表现在情感上、身体上和心理上，这些症状可以单独或同时出现。为了理解郁闷的动态机制，有必要理解下面的一些情况。

1. 郁闷的诱发因素

尽管研究者对郁闷这一问题理解得越来越透彻，但是没有人确切地知道郁闷产生的原因。在大多数时候郁闷是由于平衡情感、胃口、睡眠、荷尔蒙和行为的化学物质，神经传递素和边缘系统不平衡而产生的。神经传递素是控制边缘系统的微妙平衡传达网络的一部分。当这些化学物质处于平衡状态时，你会感觉良好，当平衡被打破时，你就感到郁闷。这里有一些打乱这种平衡的具体因素：

压力。由于所爱的人的死亡，失去收入，或离婚而感到伤心、痛苦是很正常的。但是持续的压力会发展成郁闷。

痛苦的事情，如受虐待的童年或伤害也会导致郁闷。

遗传因素和个性。郁闷可能会有家族史。较弱的自尊心和缺乏信心都是导致或促使郁闷产生的因素。

具体的疾病。免疫系统疾病，其他病情，手术和身体疼痛也会产生郁闷，如加布里埃尔案例。

药物。某些药物有副作用，产生郁闷；酗酒或吸毒让大脑化学物质不平衡，产生郁闷。

荷尔蒙不平衡。荷尔蒙水平的变化也会导致郁闷产生。女性在分娩或绝经期因为荷尔蒙的不稳定或减少而感到郁闷。产后郁闷症在新妈妈当中相当普遍。

长期的消极思维方式。你的思想也会影响你大脑内的化学物质。长期把自己局限于生活中痛苦的、令人失望的部分会给大脑的化学物质和心情带来有害的影响。

2. 消极的思想

长期的消极思想，如自我指责或不胜任，将通过影响你的大脑内化学物质的不平衡而点燃郁闷之火，而化学物质的不平衡会让消极思想越来越强烈。破坏这种循环似乎不可能，但是改变你的思维方式却可以做到。

一旦你理解了你的思维过程，你就可以采取步骤，改变产生或强化郁闷的消极思维方式。消极思想是你根据自己生活积累的信息把自己、家人或生活想象为悲观事实的不真实的假设。几乎对于每个话题或经历，你都有痛苦的记忆，甚至判断自己为愚蠢、无能、无价值。

例如，约翰无论取得什么样的成就，都对自己不满意。他认为自己不够优秀，也不够努力；这些想法让他焦虑和郁闷。过去约翰的父亲为他的孩子们设立很高的标准，却很少因为表现出色而表扬他们。约翰同样这样评价自己。

你的意识或潜意识中长期的消极思想会成为一种习惯的思维模式。当模式处于沉默，或者不是很平静，思想产生了，你可能首先觉察到的是情感而不是思想。

例如，劳拉在早上开始上班时，突然感到不安。当她审视自己的情感时，她意识到自己计划完成一项过去一直在努力的任务。她在忐忑不安地做今日的工作，因为她早已认为自己会失败。每次她在开始工作时，她就被这个想法打断，“我做不到。我已经知道我不够优秀”。她对形势的理解不仅让她不安，而且阻碍了她在工作上的努力。

改变的原则

认识。你一旦觉察到心情低落、情绪不稳，或者消极的思想，便停下来，深呼吸，认识这一思维过程。你可能发现你在过去的 10 分钟已陷入这一过程，或者更久。仅仅认识到这一过程本身，你就阻止了它继续发展。

清醒。过去，你认为所有的消极思想都是事实。停止这样的想法，不要承认这些想法，因为它们没有告诉你“你是谁”的事实真相；它们只会让你郁闷。相比这些消极想法还有更多对你和你的经历有意义的事情，而且这些消极的思维模式让你无法积极地看待自己。

打退消极想法。你一旦认识到消极想法，就再次集中精力与它抗争。寻找生活中的积极经历，找出你的实力和成就。想想给你启迪的事情，你真正喜欢的事情。

你在运用这 3 项原则后，就能更现实地看待事情和形势。

制订你的新计划

战胜郁闷主要有两个意念法。第一个，将战胜郁闷意念法融入改变的原则——认识，清醒和打退消极思想中。第二个，表现意念法帮助你集中积极的目标，增强你的积极感觉。这两个意念法共同帮助你实现下面的目标：

改变你的消极思维过程。

把新的反应融入到你的生活中。

成为一个更快乐、更平静和更健康的人。

创造积极的未来。

把快乐带入每一天。

恢复良好的感觉。

具体计划

战胜郁闷意念法是用来取代产生或增强郁闷习惯的消极思想和自我挫败思想的。催眠后的建议让你的潜意识接受积极的思想。

你的潜意识是保护者。你的消极思想和思维模式已经成为习惯，战胜郁闷意念法将打破这些习惯，建议："你的潜意识是你的保护者，作为你的保护者它将提醒你注意消极的思想。你一旦认识到你的消极思维过程在进行时，你立即停止它，做深呼吸。"

改变的原则。这一次意念法强调改变的原则，建议："意识到你的消极想法没有价值。它们不能解决问题，也不能使你感觉良好，它们没有价值。"

指定积极的目标。建议："想象一个积极目标的清单，包括晚上休息好，早上醒来精力充沛，感到充满希望，有动力，对业余活动有心情……"

表现意念法帮助你掌握积极的思维过程，重新建立你的潜意识。表现是一种积极创造你的愿望的能力——你现在的愿望，你对未来的愿望，以及你的感觉。

对未来树立信任感和信心。建立信任的办法是在脑海中创造积极的未来。意念法建议，你想象自己在未来的某个时刻……想象在未来的地方，安宁平和的地方。

插入自己的积极目标。这里，意念法会让你插入你的新的积极目标："现在，创造你的未来，想象你已经实现了你的目标，想象它们的样子，想象每个细节。"

强化积极的目标。积极的情感帮助你实现目标。意念法建议："对未来的形象增加积极的感觉。增加快乐和幸福，想象自己的微笑。"

接受快乐和幸福。你可能很难感到快乐和幸福。你可能觉得其他人都在受苦受难，你不值得快乐。意念法消除这些想法，建议："你的表现帮助实现生命中的积极目标。想象自己的表现让每个人受益。"

把未来呈现在现在。为了感到你的目标是可以实现的，你必须把它们呈现在现在。意念法继续："把未来呈现在现在，把形象、感觉和目标呈现在现在。你拥有这些积极的感觉，它们一直伴随着你。你需要创造空间，把它们带到将来，让自己享受快乐、幸福、平和与安宁。"

灵活性。"关注你的愿望"是一句流行的谚语，这里需要认真考虑。万一你的表现并不是对你最有益的，则允许有所改变。例如，在全力以赴实现事业的成功时，你可能忽略了对你的家人和身体健康所产生的影响。从长远来看，工作操劳，只关注成功并不是你所希望的。要让你的表现最大限度地使你获益。意念法建议："知道你会以最积极的方式表现。当你的表现发展时，它有可能和你想象的不一样。它将比你想象的更好。你认识到你的表现将通过你的感觉而实现，每天你都感觉越来越好。"

设计你的总体意念法

1. 战胜郁闷意念法

越来越放松，当你自由地飘浮时让你的思想放松。放松你的思想过程，现在什么也别想，就想象自己在一个宁静的地方，因为你的思想在休息，你的潜意识准备接受积极的催眠后建议。你的潜意识是你的保护者，作为你的保护者，它将提醒你注意消极的思想。你一旦认识到你的消极思维过程在进行中，你立即停止它，做深呼吸。意识到你的消极想法没有价值，它们不能解决问题，也不能使你感觉良好，让它们走开。记住你是一个有价值的人，你被爱、被关心，你聪明、有创造力。现在，仅仅是越来越放松，集中精神注意你的呼吸，越来越放松，全神贯注想象你的思想和积极目标，实现了积极的美好的目标。想象一个积极目标的清单，包括晚上休息好、早上醒来精力充沛、感到对未来充满希望、感到放松和平静、感到健康和强壮、有动力、对业余活动有心情，如看望朋友，散步，看电影等。全新的每一天，你感到更自信，你对未来有积极的目标，你每天都做出好的选择，你关心你的健康和幸福；你体验快乐、幸福和笑，你拥抱快乐和痛苦的时光；你理解自己，同情自己，允许朋友和家人支持你，你感觉越来越好。

2. 表现意念法

现在越来越放松，在这个非常放松的安静地方，你最好想象自己在未来的某个时刻，它可能是明天，或下个月，总之就是在不远的将来。当你把自己投射在将来时，想象非常顺利地前行，轻柔地、顺利地。没必要匆忙，就是很顺利地前行，让你的潜意识决定未来的时刻，想象未来的地方，安宁平和的地方，在这儿逗留，理所当然地，让自己放松，仅仅感到平和。现在，创造你的未来，想象你已经实现了你的目标，想象它们的样子，想象每个细节，没有必要知道你是如何实现目标的，只是以最积极的方式想象结果。对未来的形象增加积极的感觉。

增加快乐和幸福，想象自己在微笑，想象自己高兴地跳舞，现在真的感觉那些积极的感觉，回忆上一次你笑得前俯后仰的时候，你的全身都在感受，你大笑，感觉到快乐的全部力量。如果你没有体验到所有的快乐，没关系。每一次你表现时你就越来越能体验到积极的感觉，并以最积极的方式创造你的未来表现，你每一次想象时，都增加更多的细节，每一次想象时，增加更积极的感觉。你最好完善你的表现，想象你的表现帮助实现生命中的积极目标，想象你的表现让每个人受益。你的表现给你，给每个人带来快乐和幸福。现在把表现呈现在现在，把形象、感觉和目标呈现在现在。你拥有这些积极的感觉，它们一直伴随着你。你需要创造空间，把它们带到将来，让自己享受快乐、幸福、平和与安宁。现在你的表现是为你而创造，让它顺其自然，知道你会以最积极的方式表现。当你的表现发展时，它有可能和你想象的不一样，它将比你想象的更好。你认识到你的表现通过你的感觉而实现，每天你都感觉越来越好，你感觉更活泼、有动力、快乐和幸福，每天你都在创造你的表现，每一次你想象你的表现时它就越来越强烈，你惊奇自己感觉越来越轻松，越来越自在。你的每一天都在顺利地改变，生活都在顺利地进行，每天越来越好。

快速康复

指令

以下指令的目的是使你的身体能从疾病和伤痛中更快和更彻底地恢复。

“我的思维控制着自己的身体。我的潜意识可以控制自身的从伤病中自我愈合的能力。我的潜意识也可以调节自己身体自我康复的速度。在催眠的作用下，我可以做到去控制自己的潜意识来使身体达到非常完美的自我康复……

“我现在委托自己的潜意识使自己的身体能够非常有效地去自我恢复。从现在开始，我将掌控自己的思维，让其更加安全有效地去增强自身战胜疾病的能力。同时我也能够非常及时地消除伤痛所带来的困扰。现在，我命令自己的思维去控制自己的身体，来使其能够非常迅速地制止伤痛，让它能够更快地恢复和重建新的健康细胞。

“我的潜意识利用着身体的各方面的资源，它就好像是一位生物学家或化学家。我的潜意识是自己身体生物学方面的专家；我的潜意识也是自己身体化学方面的内行。它明确地知道什么样的化学成分和适当的分量是可以用来帮助促进我的身体快速康复的。我可以设想自己的潜意识就像是一位在实验室里工作的科学家。我可以看到这位科学家——一位精通生物学和化学方面的天才。这位科学家有一个非常大的实验室，并有资格使用很多的药剂。我的身体包含着各种自身所需的化学成分和细胞，它也可以随时产生出任何新的自身所需的物质或是细胞。

“我设想自己这位体内的科学家工作非常努力。运用着各种的科学仪器和设备——它用显微镜仔细地检查着我身体的各个细胞，并且决定选配何种化学试剂添加到实验试管中去……在我看来，好像是这位自己的科学家找到了某种仙丹灵药，把这些有神奇功效的物质放进一根长长的试管……它可以到达我身体的各个部位，使我的身体最终得到迅速有效的治愈。不管是现在还是将来，这个秘方都将会使我不再受到任何疾病和伤痛的困扰……我将能够永远地迅速自我康复——我就是这样的人。

“现在，我的潜意识按照自己的想法去营造了一种状况，并且把我的命令传达给了身体里的每一个细胞，使身体快速完全地恢复健康。”

唤醒

“我从 1 数到 5，就会让自己从催眠状态中清醒过来。当我数到 5 的时候，我将会变回原来的活跃状态，全面清醒。1……开始从催眠中醒过来。2……开始感知到周围的事物，有一种满足感、安全感或舒适感。3……期待着催眠给自己带来满意的结果。4……感到乐观，精神振作。5……现在完全清醒了，又恢复活力了。”

催眠催出更积极的态度

指令

以下指令的目的是使你能够消除对自己对手的不满，并能用积极的态度去对待他们。特别提示：当你看到空格时，说出自己对手的名字。

“我想对 ____ 更加友善。我现在对 ____ 更加欣赏了。

“我现在决定不再嫉恨 ____ 了。我希望从我们的关系中得到快乐。我希望我们彼此和睦相处。所以我重新考虑和 ____ 建立一种和善而友好的关系。

“我不再去计较那些负面的事情——我让那些想法都消失殆尽，就像是夏天被蒸发掉的一坑污水。取而代之，我要尽量挖掘 ____ 的好的品质——我们曾经共度过的美好时光、曾经的欢声笑语和彼此对对方的美好感觉。____ 做了很多的好事，我现在开始能够意识并发现每一件 ____ 做的有益的好事……____ 真的是很不可思议的——这就是为什么我从一开始就选择和 ____ 做朋友的原因。

“我现在开始回忆我们的过去。当我们刚刚认识的时候，曾经共度无限的美好时光。事情好像就发生在今天一样。这就是我对 ____ 的感觉。只要看上 ____ 一眼，就让我觉得他是那么不可思议。和 ____ 在一起，我就会变得很激动。我看到 ____ 时，感到很惊奇。我并没有什么苛求，我完全地了解和接受 ____ 是一个独立的个人。我回想起自己曾经感受到的真爱。我意识到自己现在仍然能够感觉到它。我现在仍然能感觉到那份爱。直到现在我才意识到我是多么在意 ____。

“在和别人的相处中，我并不总是表现得很好。有时我也犯点错误。我的某些所作所为，一些习惯和说过的一些话，并不是很完美。我能够接受自己并不是个完美无缺的人，所以，同样我

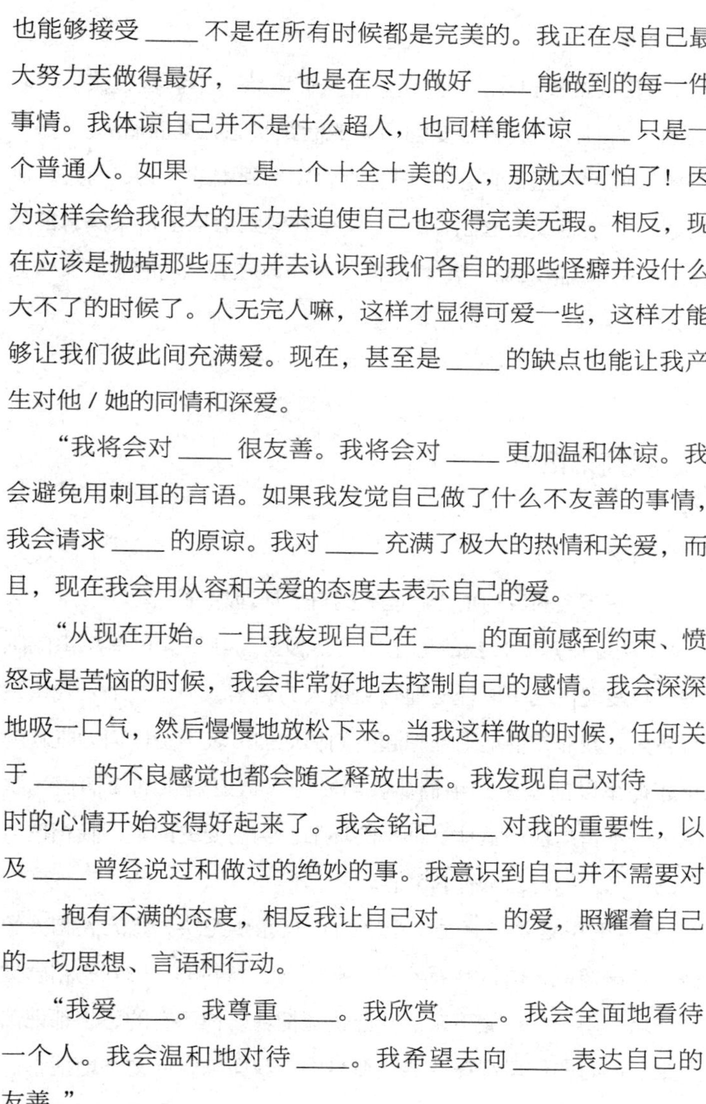

也能够接受____不是在所有时候都是完美的。我正在尽自己最大努力去做得最好，____也是在尽力做好____能做到的每一件事情。我体谅自己并不是什么超人，也同样能体谅____只是一个普通人。如果____是一个十全十美的人，那就太可怕了！因为这样会给我很大的压力去迫使自己也变得完美无瑕。相反，现在应该是抛掉那些压力并去认识到我们各自的那些怪癖并没什么大不了的时候了。人无完人嘛，这样才显得可爱一些，这样才能够让我们彼此间充满爱。现在，甚至是____的缺点也能让我产生对他 / 她的同情和深爱。

“我将会对____很友善。我将会对____更加温和体谅。我会避免用刺耳的言语。如果我发觉自己做了什么不友善的事情，我会请求____的原谅。我对____充满了极大的热情和关爱，而且，现在我会用从容和关爱的态度去表示自己的爱。

“从现在开始。一旦我发现自己在____的面前感到约束、愤怒或是苦恼的时候，我会非常好地去控制自己的感情。我会深深地吸一口气，然后慢慢地放松下来。当我这样做的时候，任何关于____的不良感觉也都会随之释放出去。我发现自己对待____时的心情开始变得好起来了。我会铭记____对我的重要性，以及____曾经说过和做过的绝妙的事。我意识到自己并不需要对____抱有不满的态度，相反我让自己对____的爱，照耀着自己的一切思想、言语和行动。

“我爱____。我尊重____。我欣赏____。我会全面地看待一个人。我会温和地对待____。我希望去向____表达自己的友善。”

唤醒

“我从 1 数到 5，就会让自己从催眠状态中清醒过来。当我数到 5 的时候，我将会变回原来的活跃状态，全面清醒。1……开始从催眠中醒过来。2……开始感知到周围的事物，有一种满足感、安全感或舒适感。3……期待着催眠给自己带来满意的结果。4……感到乐观，精神振作。5……现在完全清醒了，又恢复活力了。”

提高记忆力

指令

以下指令的目的是让你能够拥有更加理想的记忆力。

“从现在开始，我的记忆力变得极好。我不会再有忘事的感觉。我发现自己可以轻松地想起别人的名字，不管这个人我认识有多久。我非常快地就能想起时间和地点。我不费任何力气就能想起很早以前发生的事情。我当然也对最近发生的事情更为敏感……不管是任何具体、细小的环节。当需要的时候，我相信自己的记忆力能记起所有的事情。

“我的思维功能完善。记忆力也是完整无缺。我的大脑就像是一台录像机，能把我看到的、听到的、尝到的、碰到的和感觉到的所有事情都存储下来。同样也能把我以往所有的思想都记忆下来。所有的信息都在我的脑海当中，我可以轻而易举地把它们都找出来，这就是我的思维和大脑。当我寻找和需要找回一些信息的时候，我会毫不犹豫地选择利用它的强大功能。我的短期记忆力是清晰和完美的。而长期性的记忆力就在那里恭候，随时待命，等待着我的不时之需。

“从现在开始，不管什么时候当我需要记忆起任何的事情时，我都会非常的放松，自己的意识中便会清晰生动地浮现出那些保存完好的信息来。渐渐地，我记忆事件和所有信息的能力变得更强，更快了。这种敏锐的记忆力连同我所知道的这些事情，让我得到了越来越多的信心。我非常聪明，思维非常敏锐。我的记忆力以及自己运用它们的能力非常出色。我现在拥有了非常理想的记忆力。

“我的记忆力就像是一台录像机。它能记下所有我看到的、听到的事情。我想象自己回忆脑海中的往事就好像是按一下家中放像机的播放键那样简单。我可以便捷地回放任何我录下来的东西……

“我的头脑就像是一台非常复杂的拥有无限存储能力的电脑。曾经发生的任何事情都一直保存在储存条中。我需要做的唯一的事情就是想出一个关键字来搜索那些记忆或其他任何相关的信息。我的头脑就像是一台运转非常快的巨型计算机。我可以轻而易举地找回自己所需要的信息。”

唤醒

“我从 1 数到 5，就会让自己从催眠状态中清醒过来。当我数到 5 的时候，我将会变回原来的活跃状态，全面清醒。1……开始从催眠中醒过来。2……开始感知到周围的事物，有一种满足感、安全感或舒适感。3……期待着催眠给自己带来满意的结果。4……感到乐观，精神振作。5……现在完全清醒了，又恢复活力了。”

拥有强壮的免疫系统

指令

以下指令的目的是使你能够拥有更加健康的免疫系统。

“我希望自己非常健康和快乐，并可以享受美好的生活。我让自己能够胜任生活的各个方面，包括自己的免疫系统。现在我最大可能地强化了自己的免疫系统，以此来和侵入身体的病菌作战。

“设想一下自己的身体就是一个王国。我要使自己的王国保持和谐和稳定。我就是自己王国的主人，我需要统率众多的细胞战士来保卫和守护自己的王国不被外敌侵占。我设想自己正统率一支特殊的细胞部队，就好像是古时的武士剑客，搜出入侵者——那些有害的病毒；我的士兵都是非常聪明的。现在我要召唤它们了，我的精锐军队。他们是一支非常特殊的队伍，非常强壮且有战斗力。当前，还有更多的军队正处于组建和训练当中。我现在召集了更多的战士，让他们接受训练来消灭入侵的敌人——那些未请自到的野蛮病菌。我的士兵们可以非常清楚、快速熟练地分辨出哪些是健康的细胞、哪些是坏的入侵者，所以最后我的王国又会重归于安宁。当我的战士们除掉那些侵略者后，我便发出一种特殊的信号让他们能在战斗之后平静下来并带他们回家，在那里他们可以休养生息以备再战。

“我的健康是非常重要的，因为我自己本身是非常重要的。我非常能干，我非常欣赏自己。健康的身体和光明的前途是我应得的。我对自己是这样的人而感到很欣慰。因为我的存在才让这个世界变得更加精彩。我是一个好人，所以理所当然应该得到好的待遇，大家都应该尊重我。

“我也应该对自己好一些，要尊重自己的身体。现在，我允许自己配备一套完善而且健康的免疫系统……一个真正完善和健康的免疫系统。我的免疫功能会非常完善。我的思想知道如何控制自己的潜意识来使身体达到完美的和谐状态。现在，我下意识地就可以让自己的身体达到完全健康和和谐的状态。现在是完全的健康和和谐。”

唤醒

“我从 1 数到 5，就会让自己从催眠状态中清醒过来。当我数到 5 的时候，我将会变回原来的活跃状态，全面清醒。1……开始从催眠中醒过来。2……开始感知到周围的事物，有一种满足感、安全感或舒适感。3……期待着催眠给自己带来满意的结果。4……感到乐观，精神振作。5……现在完全清醒了，又恢复活力了。”

图书在版编目（CIP）数据

神奇的催眠术 / 曹兴泽编著. — 北京 : 中国华侨出版社, 2018.1（2018.9重印）

ISBN 978-7-5113-7329-8

Ⅰ. ①神… Ⅱ. ①曹… Ⅲ. ①催眠术—通俗读物 Ⅳ. ①B841.4-49

中国版本图书馆CIP数据核字(2017)第312218号

神奇的催眠术

编　　著：曹兴泽
出 版 人：刘凤珍
责任编辑：子　慕
封面设计：施凌云
文字编辑：王　鹏
美术编辑：李丝雨
经　　销：新华书店
开　　本：880mm × 1230mm　1/32　印张：8.5　字数：172 千字
印　　刷：唐山富达印务有限公司
版　　次：2018 年 1 月第 1 版　2020 年 9 月第 6 次印刷
书　　号：ISBN 978-7-5113-7329-8
定　　价：36.00 元

中国华侨出版社　北京市朝阳区西坝河东里 77 号楼底商 5 号　邮编：100028
法律顾问：陈鹰律师事务所
发 行 部：（010）88893001　传　　真：（010）62707370
网　　址：www.oveaschin.com　E-mail：oveaschin@sina.com